高等学校计算机基础教育规划教材

网页设计与制作

董洁 主编

赵明 韩子扬 王守金 编著

清华大学出版社
北京

内 容 简 介

本书以网站设计与制作为主线,以 Dreamweaver CS5 为开发工具,从实际应用的角度出发,系统地介绍网页制作的相关技术。从基本概念、网站规划与设计入手,逐步展示网页制作与网站开发的全过程。

全书共 8 章,分别为网页设计基础、网站设计、网页基本元素、网页布局、CSS 网页修饰、表单、高级网页制作和 ASP 动态网页设计,并以辽宁风景旅游网站实例设计贯穿全书,与知识点巧妙结合,各章内容环环相扣,每章后面都给出了精心设计的思考题和上机操作题,以便学生能进一步理解和巩固所学知识。

本书可以作为高等院校和培训机构的教材,也可以作为网页制作爱好者入门与提高的参考书籍。

图书在版编目(CIP)数据

网页设计与制作/董洁主编;赵明,韩子扬,王守金编著. —北京:清华大学出版社,2012.9(2015.3 重印)
(高等学校计算机基础教育规划教材)
ISBN 978-7-302-29390-3

Ⅰ. ①网… Ⅱ. ①董… ②赵… ③韩… ④王… Ⅲ. ①网页制作工具 Ⅳ. ①TP393.092

中国版本图书馆 CIP 数据核字(2012)第 159706 号

责任编辑:袁勤勇 顾 冰
封面设计:常雪影
责任校对:梁 毅
责任印制:李红英

出版发行:清华大学出版社
   网   址:http://www.tup.com.cn,http://www.wqbook.com
   地   址:北京清华大学学研大厦 A 座   邮 编:100084
   社 总 机:010-62770175   邮 购:010-62786544
   投稿与读者服务:010-62776969,c-service@tup.tsinghua.edu.cn
   质 量 反 馈:010-62772015,zhiliang@tup.tsinghua.edu.cn
   课 件 下 载:http://www.tup.com.cn,010-62795954
印 装 者:北京鑫海金澳胶印有限公司
经 销:全国新华书店
开 本:185mm×260mm 印 张:14.25 字 数:340 千字
版 次:2012 年 9 月第 1 版 印 次:2015 年 3 月第 2 次印刷
印 数:3001~3500
定 价:29.50 元

产品编号:047536-02

前言

近十年来,随着网络应用的发展,Internet 正逐步改变着人们的生活方式和工作方式,以前所未有之势使应用程序开发领域发生了巨大的变化,电子商务、电子政务的设计与开发如火如荼,社会对网站开发人员的需求日益增加,网络已经成为人们沟通交流的另一种方式,网页技术已经成为当代学生必备的知识技能。

网页设计软件 Dreamweaver 是一个集网站创建与管理于一身的专业网页开发工具。因其界面友好,便于操作,并可快速生成跨平台、跨浏览器的网站,所以深受网页开发者的欢迎。Dreamweaver CS5 是 Adobe 公司推出的最新版本。

本书突破传统的教学模式,采用项目教学法,以工作任务为出发点,采取理论与实践一体化教学模式,兼顾软件功能讲解,展现网页制作的独特魅力,使学习不再枯燥,激发学生的学习兴趣,确保学生能举一反三;讲解内容重点突出、叙述精练,对网页制作中的各种基本知识和操作都做了详细的介绍,同时注重实践操作,突出应用技巧,强调综合应用;内容组织合理,采用由浅入深、循序渐进的方式,适应初学者逐步掌握复杂的页面制作的需求,适合教学需要;书中每个实例的演示效果都用图片的方式展示出来,做到明确直观,图文并茂,重点突出,学生即使不便上机操作或进行编码,也可以看到相应的运行结果或者显示效果;以实用案例贯穿全书,与知识点巧妙融合,各章内容环环相扣,最终可以让学生完成一个基础功能全面的网站设计,使学生可以尽快掌握知识和技能。

本书以网站设计与制作为主线,以 Dreamweaver CS5 为开发工具,从实际应用的角度出发,系统地介绍网页制作的相关技术。从基本概念、网站规划与设计入手,逐步展示网页制作与网站开发的全过程。全书共 8 章:第 1 章为网页设计基础,介绍网页设计的基本概念和基础知识、网站开发过程;第 2 章为网站设计,主要介绍网站设计的内容;第 3 章是网页基本元素,介绍文本、图像、超链接、表格以及一些多媒体元素的使用方法;第 4 章是网页布局,介绍规划网页结构的多种方法;第 5 章是 CSS 网页修饰,介绍利用 CSS 修饰网页的基本方法;第 6 章是表单,介绍表单的设计和验证方法;第 7 章是高级网页制作,介绍利用行为和 Spry 构件进行具有动态效果网页的设计方法;第 8 章是 ASP 动态网页设计,介绍数据库的基本知识以及数据库在网页中的应用。每章后面都给出了精心设计的思考题和上机实践题,以便学生能进一步理解和巩固所学知识。

本书的第 1 章由王守金编写,第 2、第 6 章由赵明编写,第 3、第 7、第 8 章由董洁编写,第 4 章由韩子扬编写,第 5 章由王守金、赵明、韩子扬共同编写。本书由董洁、赵明统稿。

由于编者水平有限,编写时间仓促,书中如有疏漏和不足之处,敬请专家、老师和读者批评指正。

编　者

2012 年 3 月

目录

网页设计基础

1.1 基本概念

目的

了解 Internet 的概念及其发展过程,理解万维网的概念,掌握超文本与超媒体的概念并了解其异同点,了解目前常用的 Web 浏览器。

要点

(1) Internet 的概念及其发展历程,万维网与互联网的联系与区别。

(2) 超文本与超媒体的概念及其关系,常用浏览器的种类。

1.1.1 Internet 的概念

Internet 的中文正式译名为因特网,是一个建立在网络互联基础上的最大的、开放的全球性网络。Internet 拥有数千万台计算机和上亿个用户,是全球信息资源的超大型集合体。所有采用 TCP/IP 协议的计算机都可加入 Internet,实现信息共享和相互通信。与传统的书籍、报刊、广播和电视等传播媒体相比,Internet 使用更方便,查阅更快捷,内容更丰富。今天,Internet 已在世界范围内得到了广泛的普及与应用,并正在迅速地改变人们的工作方式和生活方式。

Internet 起源于 20 世纪 60 年代中期由美国国防部高级研究计划局(ARPA)资助的 ARPANET,此后提出的 TCP/IP 协议为 Internet 的发展奠定了基础。1986 年,美国国家科学基金会(NSF)的 NSFNET 加入了 Internet 主干网,由此推动了 Internet 的发展。但是,Internet 的真正飞跃发展应该归功于 20 世纪 90 年代的商业化应用。此后,世界各地无数的企业和个人纷纷加入,终于发展演变成今天成熟的 Internet。

1.1.2 什么是 WWW

WWW(World Wide Web,万维网)是一个遍布在 Internet 上的全球性超媒体系统。

WWW 起源于欧洲高能物理实验室 CERN。起初的设想是建立一种网络系统供世界各地的高能物理学家传递思想和研究成果，通过超链接（Hyperlink）的观念，使用超文本（Hypertext）的技术，把分散在世界各地的文件通过计算机网络连接在一起。目前，WWW 向着网络多媒体（Multimedia）的方向延伸：文本、图像、声音以及影像资料都可以应用简单一致的接口，通过网络轻易地传输和浏览。万维网已经成为继书刊、广播、电视之后的第四媒体，具有越来越重要的影响力。

WWW 系统是一种基于超链接的超文本和超媒体系统，由于提供信息的多样性，也称为超媒体环球信息网。

1.1.3 超文本与超媒体

1. 超文本

1965 年，美国 HTTP 之父 TedNelson 在计算机上处理文本文件时设想一种把文本中遇到的相关文本组织在一起的方法，让计算机能够响应人的思维以及能够方便地获取所需要的信息，称为超文本。实际上，这个词的真正含义是"链接"，用来描述计算机中文件的组织方法，这种方法组织的文本称为"超文本"。

超文本也是一种文本，与传统的文本文件相比，二者的主要差别是：传统文本是以线性方式组织的，而超文本是以非线性方式组织的。这里的"非线性"是指文本中遇到的一些相关内容通过链接组织在一起，可以很方便地浏览这些相关内容。这种文本的组织方式与人的思维方式和工作方式比较接近。

超链接是指文本中的词、短语、符号、图像、声音剪辑和影视剪辑之间的链接，或者与其他的文件、超文本文件之间的链接，也称为"热链接（Hotlink）"，或者称为"超文本链接"。词、短语、符号、图像、声音剪辑、影视剪辑和其他文件通常被称为对象或者文档元素，因此超链接是对象之间或者文档元素之间的链接。建立互相链接的对象不受空间位置的限制，可以在同一个文件内，也可以在不同的文件之间，还可以通过网络与世界上任何一台联网计算机上的文件建立链接关系。

2. 超媒体

在 20 世纪 70 年代，用户语言接口方面的先驱者 Andries Van Dam 创造了一个新词"电子图书（Electronic Book）"，电子图书中包含许多静态图像，它的含义是可以在计算机上创作作品和联想式地阅读文件，保存了用纸做存储媒体的最好特性，而同时又加入了丰富的非线性链接，这就使得 20 世纪 80 年代产生了超媒体技术。

超媒体不仅可以包含文本，而且还可以包含图像、动画、声音和视频片段，这些媒体之间也是用超链接组织的，而且它们之间的链接是错综复杂的。

超媒体与超文本之间的不同之处是超文本主要是以文本的形式表示信息，建立的链接关系主要是语句之间的链接关系。超媒体除了使用文本外，还使用图像、声音、动画和视频片段等多种媒体来表示信息，建立的链接关系是文本、图像、声音、动画和影视片段等媒体之间的链接关系。

1.1.4　浏览器

浏览网页的软件称为浏览器,是上网冲浪的必备工具软件之一。浏览器的种类繁多,有图像界面的,也有文本界面的。当今最流行的浏览器是 Microsoft 公司的 Internet Explore(简称 IE)和 Netscape 公司的 Navigator,这两款产品在使用性能和可靠性上相差不大,但由于国内个人计算机多采用 Microsoft 公司的 Windows 操作系统平台,因此 IE 使用更为广泛。除了 IE 和 Navigator 外,还有很多浏览器,如 Mozilla 的 Firefox、苹果的 Safari 和谷歌的 Opera 等。

1. IE 浏览器

IE 是 Windows 操作系统使用最广泛的浏览器,由 Microsoft 公司研制开发,目前最新版为 IE 10,新版本也在原来基础上增加了很多实用的功能。IE 浏览器最大的好处在于浏览器直接绑定在微软的 Windows 操作系统中,当用户计算机安装了 Windows 操作系统之后,无须专门下载安装浏览器,使用 IE 浏览器便可进行网页浏览。

2. Firefox 浏览器

火狐浏览器(Firefox)是一种区别于 IE 浏览器的新型浏览器,除了具有网页浏览器的功能之外,还包括许多特色功能,如阻止弹出广告,集成 Google 工具栏功能,并且整合多种搜索引擎,实现更方便的信息检索等。火狐是一个开源网页浏览器,使用 Gecko 引擎(即非 IE 内核),由 Mozilla 基金会与数百个志愿者所开发。目前最新版本为 Firefox 12,是首个启用静默升级的正式版本。

Firefox 浏览器适用于 Windows、Linux 和 MacOS X 平台,它的体积小、速度快,具有标签式浏览、自定制工具栏、扩展管理、快速而方便的侧栏等功能,因而具备更好的搜索特性。

1.2　网页与网站

目的

掌握网站以及网页的概念,了解网页的分类方法以及种类,掌握构成网页的页面元素。

要点

(1) 网页分类方法,静态网页与动态网页的异同点。

(2) 网页的主要构成要素,其中文本和图像是最基本和常用的页面元素。

1.2.1 网站与网页的概念

1. 网站的概念

网站（Website）是指在因特网上根据一定的规则，使用 HTML 等工具制作的用于展示特定内容的相关网页的集合。简单地说，网站是一种通信工具，就像布告栏一样，可以通过网站来发布需要公开的资讯，或者利用网站来提供相关的网络服务。可以通过浏览器访问网站，获取需要的资讯或者享受网络服务。

许多公司都拥有自己的网站，利用网站来进行宣传、产品资讯发布和招聘等，如海尔集团的门户网站，如图 1-1 所示。随着网页制作技术的流行，很多人也开始制作个人主页，通常是制作者用来自我介绍、展现个性的地方。也有以提供网络资讯为营利手段的网络公司，通常这些公司的网站上提供生活各个方面的信息，如时事新闻、旅游、娱乐和经济等。

图 1-1 海尔集团的门户网站

在因特网的早期，网站还只能保存单纯的文本。经过几年的发展，当万维网出现之后，图像、声音、动画、视频，甚至 3D 技术开始在因特网上流行起来。通过动态网页技术，用户也可以与其他用户或者网站管理者进行交流，也有一些网站提供电子邮件服务。

网站由域名（俗称网址）、网站源程序和网站空间三部分构成。域名形式，例如"http://www.hualai.net.cn/"；网站空间由专门的独立服务器或租用的虚拟主机承担；网站源程序则放在网站空间里面，表现为网站前台和后台程序。

衡量一个网站的性能通常从网站空间大小、网站位置、网站连接速度、网站软硬件配置和网站提供服务等几方面考虑，最直接的衡量标准是这个网站的真实流量。

2. 网页的概念

网页(Web Page)是计算机连接网络时浏览器窗口中显示的一个页面,是网络基本的信息单位。它是构成网站的基本元素,是承载各种网站应用的平台。网页实际上是一个文件,存放在世界上某个角落的某一台计算机中,而这台计算机必须是与因特网相连的。网页经由 URL(Uniform Resource Locator,统一资源定位系统)来识别与存取,也就是通常所指的网址。URL 是在 Internet 的 WWW 服务程序上用于指定信息位置的表示方法,它指定如 HTTP 或 FTP 等 Internet 协议,是唯一能够识别 Internet 上具体的计算机、目录或文件位置的命名约定。当用户在浏览器地址栏中输入网址之后,经过一段复杂而又快速的程序运作,网页文件就会被传送到用户的计算机中,再通过浏览器解释网页的内容,最终展示到用户的眼前。

1.2.2 网页的类型

按网页的表现形式,可以将网页划分为"静态网页"和"动态网页"。静态页面大多通过网站设计软件进行新建和更改,技术实现上相对比较简单。静态网页是网站建设初期经常采用的一种形式。网站建设者把内容设计成静态网页,用户只能被动地浏览网站建设者提供的网页内容,静态网页内容不会发生变化,除非网页设计者修改了网页的内容。同时,不能实现浏览网页的用户与网页的交互。信息流向是单向的,即从服务器到浏览器。服务器不能根据用户的选择调整返回给用户的内容。静态页面内容是固定的,其后缀通常为.htm、.html、.shtml 等。

动态网页其实就是建立在 B/S(Browser/Server)架构上的服务器端脚本程序,在浏览器端显示的网页是服务器端程序运行的结果。通常可通过网站后台管理系统对网站的内容进行更新和管理,如发布新闻、发布公司产品、交流互动、博客和网上调查等。动态页面的常见扩展名通常有 asp、aspx、php、jsp 等。

动态网页以数据库技术为基础,可以大大降低网站维护的工作量。采用动态网页技术的网站可以实现更多的功能,如用户注册、用户登录、搜索查询、用户管理和订单管理等。动态网页并不是独立存在于服务器上的网页文件,只有当用户请求时服务器才返回一个完整的网页。

静态网页与动态网页的区别在于 Web 服务器对它们的处理方式不同。当 Web 服务器接收到对静态网页的请求时,服务器直接将该页发送给客户浏览器,不进行任何处理。如果接收到对动态网页的请求,则从 Web 服务器中找到该文件,并将它传递给一个称为应用程序服务器的特殊软件系统,由它负责解释和执行网页,将执行后的结果传递给客户浏览器。

Web 网页浏览过程如图 1-2 所示,其工作步骤如下。

(1) 用户启动客户端浏览器,在浏览器地址栏输入想要访问网页的 URL,浏览器软件通过 HTTP 等协议向 URL 地址所在的 Web 服务器发出服务请求。

(2) 服务器根据浏览器软件送来的请求,把 URL 地址转化成页面所在服务器上的文

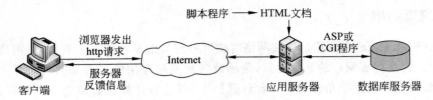

图 1-2　Web 网页浏览过程

件路径,找出相应的网页文件。

(3) 当网页中仅包含 HTML 文档,服务器直接使用 HTTP 等协议将该文档发送到客户端;如果 HTML 文档中还包含 JavaScript 或 VBScript 脚本程序代码,这些代码也将随同 HTML 文档一起下载;如果网页中还嵌套有 CGI 或 ASP 程序,这些程序将由服务器执行,并将运行结果发送给客户端。

(4) 浏览器解释 HTML 文档,并将结果显示在客户端浏览器上。

1.2.3　构成网页的元素

一般网页由文本、图像、动画、声音、视频、表格、超链接和表单等元素组成,下面详细介绍这些组成元素。

1. 文本

文本是网页中最基本的元素,包括一般文本、类似版权标签一类的特殊字符、滚动文本等。文本是网页发布信息所用的主要形式,由文本制作出的网页占用空间小,因此当用户浏览时,可以很快地展现在用户面前。

网页中需要用到大量的文本超链接,通过单击这些文本可以实现不同网页间的跳转,或者完成发送电子邮件、文件下载等工作。

没有编排点缀的纯文本网页会给人带来呆板的感觉,使得人们不愿意继续浏览。所以,文本性网页一定要注意编辑,包括标题的字型字号,内容的层次样式,文字的颜色、大小等。文本在标题、字号和字型方面的设置需要注意的问题如下:

(1) 标题

一个网页通常都有一个标题,表明本网页的主要内容。标题是否醒目是能否吸引用户注意的一个关键,因此对标题的设计是很重要的。

(2) 字号

网页中的文本不能太大或太小。一个优秀网页中的文本应统筹规划,大小搭配适当,给人以生动活泼的感觉。

(3) 字型

在网页适当的位置采用不同的字体字型也能使网页产生吸引人的效果。应该注意的是,在报刊上变换字体字型非常普遍,它可以在不同的地方使用不同的字型。但在网页制作上却要慎重,因为有些字型在制作网页的计算机上有,但如果用户浏览网页时，用户的计算机上未必装有这种字体。这样用户就无法得到预想的浏览效果，甚至适得其反。

如果只是标题或少量的文本，可以采用特殊字体制作成图像方式，这样就可避免其他用户看不到的尴尬局面了。

2．图像

图像是网页中最重要的元素之一，用来展示照片、图画或者修饰页面，使网页更美观。Dreamweaver CS5 可以很方便地将图像插入网页并进行各种处理，也可以将图像作为超链接、背景图像，还可以用 Fireworks 配合对图像进行简单的处理。

网页除了具有能吸引用户的文本形式和内容外，图像的表现功能是不能低估的。网页上的图像格式一般使用 JPEG 和 GIF，这两种格式具有跨平台的特性，可以在不同操作系统支持的浏览器上显示。图像在网页中通常有如下应用：

（1）菜单按钮

网页上的菜单按钮有一些是由图像制作的，通常有横排和竖排两种形式，由此可以转入不同的页面。

（2）背景图像

为了加强视觉效果，有些网页在整个网页的底层放置了图像，称作背景图。背景图可以使网页更加华丽，使人感到界面友好。如果图像文件较大，将导致网页的显示速度明显变慢，所以近期的网页以及比较著名的访问量比较大的网站一般都不设置背景图像。

Dreamweaver 和大多数浏览器一样支持使用 JPEG 和 GIF 图像。JPEG 是真彩色图像，是存储照片或连续色调图像的较好格式，文件扩展名为 jpg。GIF 一般只支持 256 色，适合存储非连续色调图像或颜色比较单一的图像，文件扩展名为 .gif。

图像在网页中有非常重要的作用，几乎所有的网页都用到了图像。在网页中添加一些图像，就可以生动、形象、直观地显示网页的主题，强化网站的特色，从而增强网页的吸引力。因此，在很多网页中，图像占据着整个网页的重要位置，有时甚至整个页面，如图 1-3 所示。

3．动画

动画是网页上最活跃的元素，通常制作有创意的动画是吸引用户最有效的方法。但太多的动画让人眼花缭乱，无心细看，因此对动画制作的要求越来越高。通常的制作动画软件有 Flash、Harmony 和 Toon Boom Studio 等，Macromedia 的 Flash 虽然出现的时间不长，但已经成为最重要的 Web 动画软件工具之一。用 Flash 创建的动画可以输出为 QuickTime 文件、GIF 文件或其他许多不同的文件格式（如 PICT、JPEG 和 PNG 等）。

4．声音和视频

声音是多媒体网页中的重要组成部分。在将声音添加到网页之前，首先要对声音文

图1-3　图像运用

件进行分析和处理,包括用途、格式、文件大小和声音品质等。支持网络的声音文件格式主要有 MIDI、WAV、MP3 和 AIF 等。

一般来说,不要使用声音文件作为背景音乐,因为会影响网页的下载速度。可以在网页中添加一个打开声音文件的链接,让音乐变的可以控制。

在网页中也可以插入视频文件,视频文件使网页变得精彩生动。网页中支持的视频文件格式主要有 RM、RMVB、WMV、ASF、AVI 和 MPEG。

5．表格

表格并非指网页中直观意义的表格,范围要更广一些,它是 HTML 语言中的一种元素。表格主要用于网页内容的排列,组织整个网页的外观,通过在表格中放置相应的内容,可以有效地布局页面。使用表格布局是网页的主要制作形式之一,通过表格可以有效地控制各网页元素在网页中的位置。有了表格的存在,网页中的元素得以方便地固定在设计位置上。

6．超链接

链接是网页中一种非常重要的功能,是网页中最重要、最基本的元素之一。通过链接可以从一个网页转到另一个网页,也可以从一个网站转到另一个网站。

超链接由两部分组成：链接载体和链接目标。

许多页面元素可以作为链接载体,例如：文本、图像、图像热区和动画等。而链接目标可以是任意网络资源,如页面、图像、声音、程序、其他网站、E-mail,甚至是页面中的某个位置。

如果按链接目标分类,可以将超链接分为以下几种类型。

- 内部链接：同一网站文档之间的链接。
- 外部链接：不同网站文档之间的链接。
- 锚点链接：同一网页或不同网页中指定位置的链接。

7．导航栏

导航栏是用户在规划站点结构,开始设计主页时必须考虑的一项内容,其作用是引导用户浏览站点。实际上,导航栏就是一组超链接,链接的目标就是站点中的主要网页。一般情况下,导航栏应放在网页中引人注目的位置,通常在网页的顶部或者一侧。导航栏可以是文本链接,也可以是一些图标和按钮。

8．表单

表单在 Web 网页中用来给用户填写信息,从而获得用户信息,使网页具有交互的功能。一般将表单设计在一个 HTML 文档中,当用户填写完信息后完成提交操作,表单的内容就从客户端的浏览器传送到服务器上,经过服务器上的 ASP 或 CGI 等处理程序处理后,再将用户所需信息传送回客户端的浏览器上,这样网页就完成了交互性。

9．其他常见元素

网页中除了以上几种最基本的元素之外,还有一些其他的常见元素,包括悬停按钮、Java 特效和 ActiveX 等各种特效。

此外,绝大多数网站还需要有一个属于自己的漂亮的 Logo,就是网站的形象标志,像公司名片上印上的公司标志一样,通常企业网站的 Logo 与公司标志相同。

对于某些具有商业性质的网站而言,在主页面或浏览量较大的页面上还会有一些 Banner。Banner 是指横幅广告或通栏广告,通常是一个占较大篇幅和重要位置的广告位。

综上所述,网页设计的技术复杂性比传统媒体要大得多,但总体来说,文本和图像是构成网页的基本元素,因此掌握文本页面排版和图像处理是非常重要的。为了增强网站的吸引力,动画、音频和视频等网页要素在现代网页设计中不可或缺。

1.3　网页制作基础知识

目的

掌握 HTML 文档的结构及命名方式,理解标签的概念并掌握常用的标签,了解常用的网页制作工具,掌握网页制作的方法。

要点

(1) HTML 文档的结构及基本的语法,标签的概念及常用标签。

（2）常用网页制作工具，尤其是 Dreamweaver 网页制作工具。

（3）网页制作的常用方法包括代码设计与直观设计，两种方法都有各自的优缺点。

1.3.1 HTML 简介

HTML（Hypertext Markup Language，超文本标志语言）是构成 Web 页面的主要工具，是用来表示网上信息的符号标志语言。HTML 是网页的基础，是所有网页设计最基本的工具。早期的网页都是直接用 HTML 代码编写的，现在有很多智能化的网页制作软件（常用的如 FrontPage、Dreamweaver 等）通常不需要人工编写代码，但制作的网页最终还是要转换为 HTML 文档格式。虽然使用这些工具来编写网页比较直观，但格式相对固定，缺乏一定的灵活性，因此，在编写一些要求较高的网页时直接编写 HTML 语言的文本是很有必要的。

HTML 是为了在各种网络环境之间、不同文件格式之间进行交流而使用的一种语言格式。一个 HTML 文件中包含了所有将显示在网页上的文本信息，其中也包括对浏览器的一些指示，例如文本的位置、显示的模式等，图像、动画、声音或是任何其他形式的资源，HTML 文件通过标签来实现这一功能。

目前，HTML 的最新版本是 HTML 5.0，但通用的是 HTML 4.0。这是因为 4.0 版的功能比较标准，受到绝大部分浏览软件的支持，而较高版本的某些功能尚未得到完全实现和普及，在某些流行的浏览软件上可能不兼容。

1. HTML 文档的结构

下面是一段最基本的 HTML 源代码：

```
<html>
    <head>
        <title>HTML 应用示例</title>
    </head>
    <body>
    hello!
    </body>
</html>
```

将上边这段代码保存在 Hello.html 文件中，并在浏览器中打开它，显示结果如图 1-4 所示。

HTML 文档分为文档头部和文档主体两部分。通常是由 4 对标签来构成一个 HTML 文档的框架。例如：

```
<html>
<head>
```

图 1-4　一个简单的网页

```
<title>文档标题</title>
</head>
<body>文档主体,正文部分</body>
</html>
```

<html>、</html>是 HTML 文档的标签符。<html>处于文档的最前端,表示文档的开始,浏览器从<html>开始解释,到</html>结束。

<head>、</head>一般放在<html>的后面,是文档头部,用于存放头文件信息,标明网页的标题,若不需要头部信息则可省略。

<title>、</title>用来设定文件的标题,一般包括这个文件的注释内容,而浏览器通常都会将文件标题显示在窗口的左上角。

<body>、</body>是文档的主体,位于头部下面。在<body>内的内容可以显示在浏览器窗口中。

2. HTML 文件名

HTML 文档是普通的 ASCII 文档,可以用任何文本编辑器打开和编辑,但必须保存成扩展名为.htm 或.html 的文档才能被浏览器识别。Windows 操作系统自带的写字板和记事本、Word、FrontPage、Dreamweaver 等编辑工具可以将文本保存为这两种格式。

3. HTML 的标签

在 HTML 文档中,标签是一些字母或单词,放在尖括号内。每种标签的作用均不同,例如,有的负责控制文本段落,有的负责控制标题,有的则负责与其他信息进行链接。HTML 标签符是不区分大小写的,这有利于 HTML 文档的维护。可以把标签放置在网页中的任意部位,浏览器不会显示标签,而只是读取它们的信息,并按照标签的要求对其中的内容进行特殊显示。按照标签的个数是否成对使用标签主要分为单标签和双标签。

1) 单标签

一些标签只要单个使用就能完整地表达意思,称为"单标签"。单标签的形式为<标签> 最常用的单标签是
,称为换行标签。

2) 双标签

双标签是由始标签和尾标签两部分构成,必须成对使用,标志着功能的开始和结束。这类标签的语法如下:

```
<标签>内容</标签>
```

例如,要让某段文本按粗体显示,可将此段文本放在一对<b>和</b>标签之间。

```
<b>text to big</b>
```

浏览器读入这段代码后,就将 text to big 这句话变成粗体显示。

例如,标签<b></b>的功能是使文本按粗体显示,则代码<b>text to big</b>的运行结果是将 text to big 粗体显示。

1.3.2 HTML 基本语法

HTML 是影响网页内容显示格式的标签集合,浏览器主要根据标签来决定网页的实际显示效果。在 HTML 中,所有的标签都用尖括号括起来。

HTML 语法由标签和属性组成标签的属性用来描述对象的特征。在 HTML 中,所有的属性都放置在开始标签符的尖括号里,其语法格式如下:

```
<标签符 属性 1=属性值 1 属性 2=属性值 2 …>受影响的内容</标签符>
```

HTML 属性通常也不区分大小写。各属性之间没有先后次序,属性可以省略(即取默认值)。例如,单标签<hr>表示在文档当前位置画一条水平线,一般是从窗口当前行的最左端一直画到最右端。例如:

```
<hr size="2"  align="center"  width="80%">
```

1.
和<p>标签

在 HTML 文档中无法用多个回车、空格和 Tab 键来调整文档段落的格式,要用 HTML 标签来强制换行和分段。
(即 Break)是换行标签,为单标签。
的作用相当于回车符。<p>标签用于划分段落,作用是插入一个空行,可以单独使用,也可以成对使用。

2. <img>显示图像标签

<img>标签常用的属性有 src(图像资源链接)、alt(鼠标悬停说明文本)和 border (边框)等。

3. <title>…</ title >标题栏标签

<title>标签用来给网页命名,网页的名称将显示在浏览器的标题栏中。

4. <a>链接标签

<a>标签常用的属性有 href(创建超文本链接)、name(创建位于文档内部的书签)、target(链接目标参数有_blank、_parent、_selft 和_top)等。

5. <table>…</table>表格标签

<table>标签常用的属性有 cellpadding(定义表格内距,数值单位是像素)、cellspacing (定义表格间距,数值单位是像素)、border(表格边框宽度,数值单位是像素)、width(定义表格宽度,数值单位是像素或窗口百分比)、background(定义表格背景)、<tr>和</tr>(表格中一个表格行的开始和结束)、<td>和</td>(表格中行内一个单元格的开始和结束)。

6. ＜form＞…＜/form＞表单的标签

＜form＞标签常用的属性有 action（接收数据的服务器的 url）、method（HTTP 的方法，有 post 和 get 两种方法）和 onsubmit（当提交表单时发生的内部事件）等。

7. ＜marquee＞…＜/marquee＞创建滚动字幕标签

在＜marquee＞和＜/marquee＞标签内放置贴图格式则可实现图像滚动。常用的属性有 direction（滚动方向，参数有 up、down、left 和 right）、loop（循环次数）、scrollamount（设置或获取介于每个字幕绘制序列之间的文本滚动像素数）、scrolldelay（设置或获取字幕滚动的速度）、scrollheight（获取对象的滚动高度）等。

8. 注释标签

注释内容是指在文档编写过程中对某段代码的文本说明。其语法格式如下：

＜!--注释内容--＞

在浏览器运行 HTML 文档时，这些注释将被忽略，不会显示在网页上，但在浏览器中查看源代码时可以看到这些注释信息。

1.3.3　常用的网页制作工具

从最简单的记事本、EditPlus 等纯文本编写工具，到 FrontPage、Dreamweaver 等"所见即所得"的工具都可以作为网页制作编辑工具。众多的网页制作软件各有特色。表 1-1 列出了一些常用网页编辑、动画制作软件。

表 1-1　常用网页编辑、动画制作软件

序　号	用　　途	软　件　名　称
1	编辑网页	NoteBook、EditPlus、FrontPage、Dreamweaver
2	图像编辑制作	Photoshop、ACDSee、CorelDraw、Fireworks
3	上传网页	LeapFTP、CuteFTP
4	音乐编辑录制软件	Audio Editor、GoldWave、WaveCN、Cool Edit Pro、ARWizard
5	Flash 编辑软件	Flash、FlashMX
6	GIF 动画制作	GIF Animator
7	三维字体制作	COOL 3D
8	音乐播放软件	RealPlayer、Winamp
9	屏幕抓图软件	HySnapDX
10	变脸软件	Morpher

下面对常用的网页制作工具进行介绍。

1. Dreamweaver 制作动态 HTML 的网页

Dreamweaver 是一款最为常用的网页设计软件,包括可视化编辑、HTML 代码编辑的软件包,并支持 ActiveX、JavaScript、Java、Flash 和 ShockWave 等特性,支持动态 HTML(Dynamic HTML)的设计,使得页面没有插件(plug-in)也能够在 Netscape 和 IE 浏览器中正确地显示页面的动画,同时它还提供了自动更新页面信息的功能。

Dreamweaver 采用了 Roundtrip HTML 技术,Dreamweaver 和 HTML 代码编辑器之间进行自由转换,HTML 句法及结构不变。专业设计者可以在不改变原有编辑习惯的同时,充分享受到可视化编辑带来的益处。

Dreamweaver 是一款实用的可视化网页设计制作工具和网站管理工具,支持当前最新的 Web 技术,包含 HTML 检查、HTML 格式控制、HTML 格式化选项、可视化网页设计、图像编辑、全局查找替换、全 FTP 功能、处理 Flash 和 Shockwave 等多媒体格式,以及动态 HTML 和基于团队的 Web 创作等,在编辑模式上允许用户选择可视化方式或源码编辑方式。

2. Flash 动画制作软件

Flash 是交互式矢量图和 Web 动画的标准。网页设计者使用 Flash 创作出既漂亮又可改变尺寸的导航界面以及其他奇特的效果。它不但易学、易用,而且可以用于制作动画网站。

3. Fireworks 图像制作软件

Fireworks 是真正的网页作图软件。Fireworks 与 Dreamweaver 结合得很紧密,只要将 Dreamweaver 的默认图像编辑器设为 Fireworks,那么在 Fireworks 里修改的文件将立即在 Dreamweaver 里更新。另一个功能是可以在同一文本框里改变单个字的颜色。当然,Fireworks 还可以引用所有 Photoshop 的滤镜,而且可以直接将 PSD 格式图像导入。结合 Photoshop(点阵图处理)以及 CorelDRAW(绘制向量图)的功能,实现网页上很流行的阴影、立体按钮等效果。而且 Fireworks 很完整地支持网页十六进制的色彩模式,提供安全色盘的使用和转换,要切割图像、做影像对应(Image Map)、背景透明,在 Fireworks 中做起来都非常方便,易于修改。不需要再同时打开 Photoshop 和 CorelDRAW 等各类软件。Dreamweaver、Flash、Fireworks 称为网页制作三剑客,将三个软件配合起来使用,可以制作出非常精美的网页。

4. Microsoft FrontPage

使用 FrontPage 制作网页,能真正体会到"功能强大,简单易用"的含义。页面制作由 FrontPage 制作完成,其工作窗口由三个标签页组成,分别是"所见即所得"的编辑页、HTML 代码编辑页和预览页。FrontPage 带有图像和 GIF 动画编辑器,支持 CGI 和 CSS。向导和模板都能使初学者在编辑网页时感到更加方便。

FrontPage 最强大之处是其站点管理功能。在更新服务器上的站点时,不需要创建更改文件的目录。FrontPage 会跟踪文件并复制那些新版本文件。FrontPage 是现有网页制作软件中少数既能在本地计算机上工作,又能通过 Internet 直接对远程服务器上的文件进行工作的软件。

5．Netscape 编辑器

Netscape Communicator 和 Netscape Navigator Gold 3.0 版本都带有网页编辑器。当使用 Netscape 浏览器显示网页时，Netscape 可以把网页存储在硬盘中并进行编辑，如编辑文本、字体、颜色，改变主页作者、标题、背景颜色或图像，定义锚点，插入链接，定义文档编码，插入图像，创建表格等。但是，Netscape 编辑器对复杂的网页设计就显得功能有限，例如，不支持表单创建、多框架创建。

Netscape 编辑器是网页制作初学者很好的入门工具。如果一个网页主要是由文本和图像组成的，Netscape 编辑器将是一个轻松的选择。如果对 HTML 语言有所了解的话，能够使用 Notepad 或 UltraEdit 等文本编辑器来编写少量的 HTML 语句，这样也可以弥补 Netscape 编辑器的一些不足。

1.3.4　代码设计与直观设计

网页的设计方法通常来说有两种：一种是代码设计，另一种是直观设计。代码设计就是采用 HTML 语言进行网页的设计。直观设计就是指用网页设计工具进行设计，例如 Dreamweaver 等。

代码设计用来设计网页的软件编辑环境有很多，可以用记事本，也可以在 Dreamweaver CS5 中。由于用记事本设计网页的效率相对较低，因此实际的网页设计中较少使用。Dreamweaver CS5 软件环境也提供了 HTML 代码的编写环境，如图 1-5 所示，可以通过它进行网页设计。图中的大部分内容都是由软件环境自动生成的，只有 <title> 与 </title> 之间的内容，还有 <body> 与 </body> 之间的内容是人工完成的。

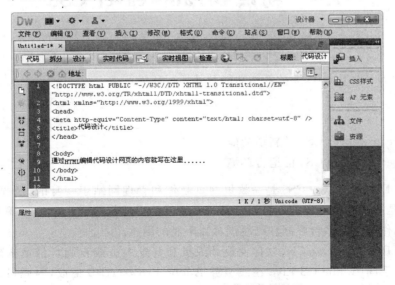

图 1-5　Dreamweaver CS5 代码编辑界面

直观设计就是在设计文档窗口直接对网页进行设计。Dreamweaver CS5 为用户提供了非常友好的用户操作界面,为网页设计带来方便。通过设计窗口来设计网页方法更加简单,可直接在操作窗口输入或插入需要显示的页面元素,在设计视图中所做的任何操作,代码视图都会随之有所变化。当然,在代码视图所做的任何改动,在设计视图也会有所体现,如图 1-6 所示。

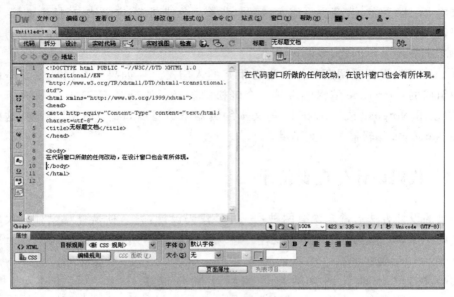

图 1-6   Dreamweaver CS5 设计编辑界面

1.4   初识 Dreamweaver CS5

目的

了解 Dreamweaver CS5 的新增功能及其运行环境。

要点

(1) Dreamweaver CS5 的新增功能。
(2) Dreamweaver CS5 的运行环境。

Adobe Dreamweaver CS5 是一款集网页制作和管理网站于一身的"所见即所得"网页编辑器,是第一套针对专业网页设计师特别发展的视觉化网页开发工具,利用它可以轻而易举地制作出跨越平台限制和跨越浏览器限制的网页。

Adobe Dreamweaver CS5 软件使设计人员和开发人员能充满自信地构建基于标准的网站。由于同 Adobe CS Live 在线服务 Adobe BrowserLab 集成,因此可以使用 CSS 检查工具进行设计,使用内容管理系统进行开发并实现快速、精确的浏览器兼容性测试。

Dreamweaver CS5 的新增功能如下：

（1）集成 CMS 支持

CMS（Content Management System，内容管理系统）具有许多基于模板的设计，可以加快网站开发的速度和减少开发的成本。CMS 的功能并不只限于文本处理，它也可以处理图像、动画、声像流以及电子邮件档案。提供对 WordPress、Joomla! 和 Drupal 等内容管理系统框架的创作和测试支持。

（2）CSS 检查

以可视方式显示详细的 CSS 框架模型，方便切换 CSS 属性，并且无须读取代码或使用其他实用程序。

（3）与 Adobe BrowserLab 集成

使用多个查看、诊断和比较工具，预览动态用户网页和本地内容。

（4）PHP 自定义类代码提示

为自定义 PHP 函数显示适当的语法，帮助用户更准确地编写代码。

（5）与 Business Catalyst 集成

利用 Dreamweaver 与 Adobe Business Catalyst 服务（单独提供）之间的集成，无须编程即可实现在线业务。

（6）保持跨媒体一致性

将任何本机 Adobe Photoshop 或 Illustrator 文件插入 Dreamweaver 即可创建图像智能对象。更改源图像，然后快速、轻松地更新图像。

借助 Dreamweaver CS5 软件，用户可以快速、轻松地完成设计、开发、维护网站和 Web 应用程序设计的全过程。Dreamweaver CS5 是为设计人员和开发人员构建的，它提供了一个在直观可视布局界面中工作还是在简化编码环境中工作的选择。

在"新建"命令下单击 HTML 链接，程序界面如图 1-7 所示。目前网页文件没有命名，保存的时候可以对其进行命名。新创建的设计文档为一个新的空白文档，空白指的是"设计"视图里没有内容，如图像和文本等。但与之相应的 HTML 文件并不是空白的，软件环境自动生成大量程序代码。

- 标题栏：用于显示文件所在路径及文件名。
- 菜单栏：用于访问各种操作命令。
- 文档工具栏：包含各种按钮，提供各种"文档"窗口，如代码、拆分和设计等选项、各种查看选项和一些常用操作，如在浏览器中预览。
- 标签选择器：显示环绕当前选定内容的标签的层次结构，单击该层次结构中的任何标签可以选择该标签及其全部内容。
- 属性检查器：显示选定对象或文本的属性，并可以用它来修改这些属性。
- 代码视图：用于编写 HTML 等代码窗口。
- 设计视图：用于显示创建或编辑当前文档。
- 浮动面板：组合在一个标题下面的相关面板的集合。
- 文件面板：用于管理文件和文件夹，也可以通过它访问本地磁盘上的全部文件。

图 1-7　拆分空白文档窗口

1.5　网站开发过程

目的

了解网站开发经历的主要阶段,并掌握每个阶段的主要过程。

要点

(1) 网站开发需要经历需求分析、整体规划、网站设计和网站实施阶段。

(2) 网站开发完成后的站点测试与发布也是一个很重要的环节。

1.5.1　需求分析

需求分析主要是针对客户对整个项目在功能、性能、时间和资金方面的要求进行研究和分析,确定用户的需求。

1. 项目立项

接到客户的开发需求后,经过双方的会谈,明确客户的需求后,就要对客户的需求进行基本的可行性分析,如果认为问题可行,双方达成初步开发协议,这时就应该对项目进行立项,一般将成立一个专门的项目小组,主要包括项目经理、设计人员、程序员、测试员以及客户代表。

2.撰写需求说明书

很多客户对需求并不是很清楚,这时就需要设计人员不断地引导,有的时候还需要开发出一个简单的网站模型,让用户来体验,从而总结出客户潜在的、真正的需求。当撰写完需求说明书后交付用户,用户满意,则要求客户确认签字。

需求说明书一般包括以下几点:

(1)引言。主要说明编写目的、编写背景、相关定义和参考资料等。

(2)任务概述。主要包括开发目标、用户特点和约束等。

(3)需求规定。主要包括对功能、性能的规定(如精度、时间特性要求、灵活性等),输入输出要求,数据管理能力要求,故障处理要求,其他专门要求等。

(4)运行环境规定。主要包括设备和软件环境。

1.5.2　整体规划

网站规划是指在网站建设前对市场进行分析,确定网站的目的和功能,并根据需要对网站建设中的技术、内容、费用、测试和维护等做出规划。网站规划对网站建设起到计划和指导的作用,对网站的内容和维护起到定位作用。

网站规划书应该尽可能涵盖网站规划中的各个方面,要科学、认真、实事求是。网站规划大致包含的内容如下:

(1)网站需要实现的功能。

(2)网站开发的软件及硬件环境。

(3)网站开发的周期及所需要人员数。

(4)需要遵循的规则和标准。

1.5.3　网站设计

网站设计是指根据建站目标,对网站的功能、内容、结构以及表现形式等进行整体设计,设计结果对网站建设进行计划和指导。通过对目标用户的需求分析,确定网站的主题、名称和整体形象设计,并在设计与开发过程中逐渐形成与众不同的网站风格。

页面风格设计主要指页面的布局方式,大致页面布局力求风格统一、内容丰富,尽量图文并茂。网站除了应具备能够吸引用户的整体风格外,还应具备一些标准内容,通常包括站点结构图、导航栏、联系方式、交互渠道、有价值的信息、搜索工具、更新说明以及相关站点链接等。根据网站的内容创建网站的目录结构,确定网站的导航方式,基本完成网站的设计工作。

1.5.4　网站实施

网站实施是网站开发过程的最后一个阶段。所谓实施指的是将网站设计阶段的结果在计算机上实现，将原来纸面上的相关资料转换成可执行的网站。网站实施阶段的主要任务有：

(1) 按照网站规划时的预定方案购置和安装计算机系统。

(2) 建立数据库系统。

(3) 程序设计与调试。

(4) 整理基础数据，并设计网站。

(5) 网站的编码。

1.5.5　网站的测试与发布

1. 网站的测试

在完成对站点中页面的制作后，就应该将其发布到因特网。但是在此之前，应该对所创建的站点进行测试，对站点中的文件逐一检查，在本地计算机中调试网页以防止在网页中包含错误，尽早发现问题并解决问题。

在将网站的内容上传到服务器之前，应先在本地站点进行完整的测试，以保证页面外观和效果、链接和页面下载时间等与设计相同。站点测试主要包括检测站点在各种浏览器中的兼容性，检测站点中是否有失效的链接。可以使用不同类型和不同版本的浏览器预览站点中的网页，检查可能存在的问题。

2. 域名和空间申请

域名是连接企业和因特网网址的纽带，它像品牌、商标一样具有重要的识别作用，是企业在网络上存在的标志，担负着标记站点和形象展示的双重作用。

域名对于企业开展电子商务具有重要的作用，它被誉为网络时代的"环球商标"，一个好的域名会大大增加企业在因特网上的知名度。因此，企业如何选取好的域名十分重要。

提示：选取域名时有以下常用的技巧：用企业名称的汉语拼音作为域名；用企业名称相应的英文名作为域名；用企业名称的缩写作为域名；用汉语拼音的谐音形式给企业注册域名；以中英文结合的形式给企业注册域名；在企业名称前后加上与网络相关的前缀和后缀；用与企业名不同但有相关性的词或词组作为域名；不要注册其他公司拥有的独特商标名和国际知名企业的商标名。

如果是一个较大的企业，可以建立自己的机房，配备技术人员、服务器、路由器和网络管理软件等，再向邮电局申请专线，从而建立一个独立的网站。但这样做需要较大的投资，而且日常费用也比较高。

如果是中小型企业，可以用虚拟主机和主机托管两种方法。虚拟主机就是将网站放在 ISP 的 Web 服务器上，这种方法对于一般中小型企业来说将是一个经济的方案。虚拟主机与真实主机在运作上毫无区别，特别适合那些信息量和数据量不大的网站。主机托管就是指如果企业的 Web 服务器有较大的信息和数据量，需要很大空间时，可以采用这种方案。将已经制作好的服务器主机放在 ISP 网络中心的机房里，借用 ISP 的网络通信系统接入因特网。

3. 网站的上传发布

网站的域名和空间申请完毕后，上传网站，可以采用 Dreamweaver 自带的站点管理上传文件。

4. 网站的推广

因特网的应用和繁荣提供了广阔的电子商务市场和商机，但是，因特网上大大小小的各种网站数以万计，企业网站建好以后，如果不进行推广，那么企业的产品与服务在网上仍然不为人所知，起不到建立站点的作用，所以，企业在建立网站后即应着手利用各种手段推广自己的网站。

1.6　思考与练习

（1）因特网与万维网的联系与区别是什么？

（2）超文本与超媒体的联系与区别是什么？

（3）目前常用的 Web 浏览器有哪些？各自有什么样的优缺点？

（4）网站与网页的定义是什么？

（5）构成网页的元素有哪些？

（6）HTML 的常用标签有哪些？

（7）网站开发的步骤有哪些？

第2章

网 站 设 计

2.1 网站设计概述

目的

熟练掌握网站设计的概念,了解如何确定网站的目标,了解确定网站面向的浏览对象的意义,熟悉确定网站的主题、名称以及风格、形象时应遵循的原则。

要点

(1) 网站设计是依据构建网络的目的和网络的用途,逐步确定网站的功能、内容和结构,直至每个网页的功能。网站设计的结果将影响网站开发的全过程,因此要重点理解网站设计的内涵,掌握网站设计的一般性原则。

(2) 网站的主题与名称是网站给用户展现的第一印象,也揭示了网站的主要内容,因而要根据网站面向的浏览对象的分析仔细确定。

(3) 设计网站的风格与形象要符合网站的性质,以便为用户提供特色醒目的综合印象,把握设计时需要遵循的一些基本原则。

网站设计是指根据网站的目标,对网站的功能、内容、结构以及表现形式等进行整体设计,其结果作为整个网站后续开发过程的基础和必须遵循的原则。网站设计贯穿于网站建设的全过程,对网站建设进行计划和指导,是网站建设最重要的环节。

2.1.1 设计目标

建立网站的第一步就是要确定网站的目标,不同类型的网站有不同的建站目的,因而要根据建立网站主体的需求对网站进行准确定位。本书以构建旅游网站为任务主题,旅游公司建立网站的主要目的是树立自身的旅游品牌,以网站为载体宣传路线、景点和服务等旅游信息,进而吸引客户。因此,对于旅游公司而言,设计网站的主要目标有介绍公司;发布公司推出的旅游景点、旅游路线等信息,为公司业务做宣传;网上调查,收集客户意见;开展网络营销,在网上为客户提供行程预订、在线咨询等服务。

2.1.2 设计原则

对网站进行设计时,通常要遵循如下一些基本原则。

1. 内容与形式相统一

内容是网页向用户传达的有效信息及文字,形式是网页的排版布局、色彩、图像的运用等外在的视觉效果,丰富的内容和多样的形式必须组织成统一的页面结构。也就是说,形式必须符合页面的内容,体现内容的丰富含义。

2. 突出主题

网站的全部内容都要紧扣网站的设计目标,网站的主题应鲜明、突出重点,从主页延续到构成网站的各层页面上。一个主题鲜明、内容丰富、极具特色的网站往往比一个"大杂烩"式的网站更能吸引人。

3. 风格统一

整个网站的设计要采取统一的设计主题,统一的标识,所有网页风格要一致。风格要突出个性,无论是文字和色彩的运用,还是版式的设计都要给人一种鲜明的印象,使人看到这个页面就会联想到这个网站。

4. 导航清晰

网站要给用户提供一个清晰的导航系统,以便于用户清楚目前所处的位置,同时能够方便地转到其他页面。导航系统要出现在每一个页面上,标志要明显,便于用户使用,对于不同栏目结构可以设计不同的导航系统。

5. 栏目设置合理

对于一个网站,尤其是内容较多的网站,其栏目设置是否清晰、合理、科学,往往在很大程度上影响网站的访问量。一个栏目设置合理的网站,用户会很容易地找到需要的内容,方便用户操作,这样的网站才能让用户喜欢。因此,在设计网站之前,一定要规划好栏目的设置。

6. 兼顾下载速度与美观

由于网络状况差异,在进行网页设计时应适度使用图像,片面追求页面的美观而使用过多的图像会影响页面的下载速度。网页中的图像应当是起到画龙点睛的作用,除非特殊需要,一般不要在网页中大量使用图像,在网页中的图像要经过适当的压缩处理,使它在保证质量的前提下尽量小。

7. 良好的兼容性

网页显示效果会随着用户浏览器的不同而出现变化,因此设计者一定要考虑到网页的兼容性,使它适用于大多数主流的浏览器或目标用户所用的浏览器,以免因浏览器不同而影响浏览的效果。

2.1.3 网站对象

明确网站的目标以及设计原则后,要确定网站的对象,即网站要面向的用户。只有了解网站所要面向的用户,才能设计出能够对其产生吸引力的网站。不同的用户对于网页信息及其表现形式有不同的要求,因此在进行网页设计前必须确定目标用户,对其进行认识和分析,以使得网站更加具有针对性。

为了保证网站的内容符合用户的需求,在进行网站设计之前应该对其进行需求分析,有了这种需求分析,建立的网站才能够为用户提供最新、最有价值的信息。对用户进行需求分析就是要挖掘出他们的各种需求,包括需求的内容以及内容的表达形式,需求内容的浏览习惯,需求内容的结构和链接层次的需求等。以旅游公司网站为例,如果面向的主要是自助游客户,就需要提供旅游线路制定、景点选取等服务。

2.1.4 主题与名称

所谓主题就是网站的题材,即网站需要包含的内容。网络上的网站分类丰富多样。每个网站所选的题材根据自身的特点而不一样,突出题材特点并显示个性是网站设计建设的重点。主题要小而精。所谓小,就是网站的定位范围要小。所谓精,就是网站的内容要精。对于任何网站,要给用户留下深刻的印象,必须要有一个鲜明的主题,突出自己的个性和特色,在内容的深和精上下工夫。例如,新浪网在新闻上做得很突出,Google 与百度搜索引擎则是广大网民查找信息的首要选择。

确定了网站的题材,就可以围绕题材给网站起一个名字——网站名称。网站名称也是网站设计的一部分,而且是很关键的一个要素,它对网站的形象和宣传推广有很大影响。确定网站名称时需要注意:名称要正,要合法、合情、合理;名称要有特色,要体现网站的内涵,给用户更多的新意和空间想象力;名称要易记,网站名称的长度应该控制在 6 个字(最好 4 个字)以内,如果网站的用户大多是华人,其名称用中文较好,尽量不要使用英文或者中英文混合的名称。

2.1.5 风格与形象

网站风格是指网站的整体形象给用户的综合感受,是网站与众不同的特色,它能表现出设计者与站点的文化品位。这个整体形象包括网站的企业形象(包括标志、色彩、字体、标语)、版面布局、浏览方式、交互性、文字、语气、内容价值、存在意义和网站荣誉等诸多因素。

风格的形成需要在网站设计和开发中不断强化、调整和修饰,也需要不断向优秀网站学习。具体设计时,对于不同性质的行业,应体现出不同的网站风格。一般情况下,政府部门的网站风格应比较庄重沉稳,文化教育部门的网站应该高雅大方,娱乐行业的网站可以活泼生动一些,商务网站可以贴近民俗,个人网站则可以不拘一格,更多地结合内容和设计者的兴趣,充分彰显个性。

形成网站的风格与形象时,可以遵循以下基本原则:

1．尽可能地将网站标志(Logo)放在每个页面最突出的位置

网站标志可以是英文字母、汉字,也可以是符号、图案等。标志的设计创意应当来自网站的名称和内容。如果网站内有代表性的人物、植物或是小动物等,则可以用它们作为设计的蓝本,加以艺术化;专业性较强的网站可以选择本专业有代表的物品作为标志等。最常用和最简单的方式是用网站的英文名称做标志,采用不同的字体或字母的变形、组合等方式。例如,新浪网

图 2-1　新浪网 Logo 设计

用英文字母 sina 和眼睛图案作为 Logo,如图 2-1 所示,体现出了网站敏锐和动感的特色。

2．使用统一的图像处理效果

图像虽然有营造网页气氛、活泼版面、强化视觉效果的作用,但也存在以下缺点:

- 图像文件一般情况下都比较大,在网上传输就会比较慢,用户等待较长时间会感到不耐烦。
- 如果图像太多则意味着文字信息量有可能会减少,还可能会影响到网页的整体效果。
- 图像尤其是照片的色调一般都比较深,如果处理不好的话,可能会破坏网站的整体风格。

因此,在处理网站图像时要注意主要图像阴影效果的方向、厚度和模糊度等都必须尽可能地保持一致,图像的色彩与网页的标准色搭配也要适当。

例如,在淘宝网热卖单品网页中,所有商品图像规格为符合显示效果要求的 120px×120px,文件大小约为 30~40KB,文件较小,而且所有图像均采用了相同的处理,显示效果统一,如图 2-2 所示。

3．突出标准色彩

标准色彩是指能体现网站形象和延伸内涵的色彩,主要用于网站的标志、标题、主菜单和主色块。无论是平面设计,还是网页设计,色彩永远是其中最重要的一环。当用户与显示器之间有一定距离的时候,看到的不是美丽的图像或优美的版式,而是网页的色彩。色彩简洁明快、保持统一、独具特色的网站能让用户产生较深的印象,从而不断前来访问,增加网站的访问量。一般来说,一个网站的标准色彩不宜超过三种,太多则让人眼花缭乱。

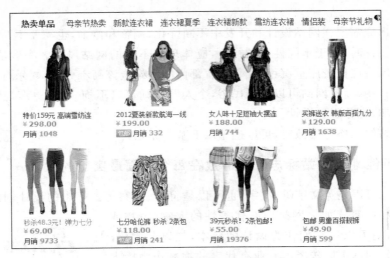

图 2-2　淘宝网热卖单品图像设计

例如,中国政府网采用国徽和天安门的图像加强页面视觉效果,同时基于其网站的特殊性采用了红色和蓝色的色彩搭配,如图 2-3 所示。红色是中国及中国共产党的标志性色彩,运用于政府网站中体现出了其独树一帜,区别于其他新闻网站的特殊性。蓝色则给人以沉稳、冷静、严谨和成熟的心理感受。

图 2-3　中国政府网站标准色彩设计

4. 使用标准字体

和标准色彩一样,标准字体是指用于标志、标题和主菜单的特有字体。一般网页默认的字体是宋体。为了体现网站的独特风格和与众不同,可以根据需要选择一些特别的字体。各种字体大都具有各自不同的风格,例如,宋体字端庄、黑体字凝重、楷书体淡雅、隶书等书写体飘逸。

例如,以古典诗词鉴赏为主题的网站,使用隶书就显得古色古香,很容易使用户进入诗词所表达的意境;而介绍书法作品的网站,标题文字使用中文手写体则很贴切,如图 2-4 所示。但是,如果严肃的内容使用了隶书标题就给人以轻飘的感觉;而庆祝节日之类的内容给加上了粗黑线框,则会与喜庆的气氛背道而驰。

图 2-4　书法江湖网站字体设计

2.2　任务 1　创建"辽宁风景旅游"网站站点

目的

理解 Dreamweaver 中站点的含义,掌握在 Dreamweaver 中创建站点、编辑站点的方法。

要点

(1) 站点是 Dreamweaver 中网站的工作目录,使用 Dreamweaver 进行网站开发的第一步就是创建站点,因此要熟练掌握创建站点的过程和方法。

(2) Dreamweaver 为用户提供了方便的站点管理功能,掌握对已创建的站点进行维护的方法。

设定站点的目标和主题后,在开始进行网站内容具体设计和开发之前,需要为网站建立站点。在 Dreamweaver 中,站点提供一种组织所有与 Web 站点关联的文档的方法,通过在站点中组织文件,可以利用 Dreamweaver 将站点上传到 Web 服务器、自动跟踪维护链接和管理文件以及共享文件。

在 Dreamweaver 中,根据网站工作目录所在的位置,可以将站点分为本地站点和远端站点两种类型。本地站点是指网站的工作目录位于本地计算机上,也称为本地文件夹。远端站点是指网站的工作目录位于网络服务器上。

通常只需建立本地文件夹即可定义 Dreamweaver 站点。若要向 Web 服务器传输文件或开发 Web 应用程序,还需添加远端站点和测试服务器信息。远端文件夹是存储文件的位置,这些文件用于测试、协作等,具体取决于开发环境。Dreamweaver 在"文件"面板中将该文件夹称为"远端站点"。一般来说，远端文件夹位于运行 Web 服务器的计算机上。本地文件夹和远端文件夹能够在本地磁盘和 Web 服务器之间传输文件，以便管理 Dreamweaver 站点中的文件。

本节任务的目标是创建"辽宁风景旅游"网站的本地站点。

步骤 1 打开站点管理对话框。选择"站点"→"新建站点"命令，打开"站点设置对象"对话框。

步骤 2 设置站点。在"站点设置对象"对话框的"站点"选项卡中输入站点名称和本地站点文件夹，单击"保存"按钮完成创建，如图 2-5 所示。

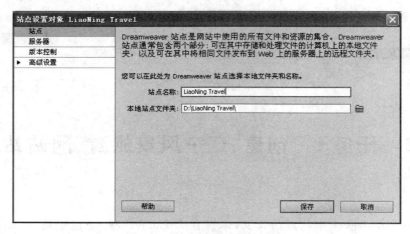

图 2-5 "站点设置对象"对话框

- 站点名称：显示在"文件"面板和"管理站点"对话框中的名称，该名称不会在浏览器中显示。
- 本地站点文件夹：本地磁盘上存储站点文件、模板和库项目的文件夹的名称。在硬盘上创建一个文件夹，或者单击文件夹图标浏览到该文件夹。

步骤 3 站点管理。选择"站点"→"管理站点"命令，打开"管理站点"对话框，从左侧的列表中选择一个站点，单击右侧功能按钮即可对该站点进行管理和维护，如图 2-6 所示。

图 2-6 "管理站点"对话框

- 新建：打开"站点设置对象"对话框创建新站点。
- 编辑：打开"站点设置对象"对话框对选中站点进行编辑。
- 复制：创建所选站点的副本，副本将出现在站点列表窗口中。
- 删除：删除所选站点，注意此操作无法撤销。
- 导出：将选中站点设置导出为 XML 文件。
- 导入：通过文件选择 XML 文件导入站点设置。

2.3 网站内容设计

目的

熟练掌握对网站进行内容设计时需要遵循的原则以及网站应该包括的标准内容,熟悉设计网站目录结构时需要注意的问题,了解常见的网站链接结构及其特点,了解网站导航的常见形式,掌握对网站进行资料收集的过程。

要点

(1) 充实的网站内容是网站获得成功的基本保证,在对网站内容进行设计时,要求掌握需要遵循的一些基本原则,明确网站应具备的标准内容。

(2) 完成网站设计后,需要基于网站内容搜集相关资料,作为具体网站开发任务的工作基础,因此要掌握资料收集的步骤和过程。

一个网站要获得成功,最大的秘诀就是让用户感到网站对他们有用。如果网站的内容空洞,无论页面制作多么精美,仍然不会有多少用户访问。因此,需要精心设计网站的内容,努力提高网站内容的质量和价值,从而提高网站的成功率。

在明确网站的目标以及面向的对象后,就可以整理网站的内容了,网站的内容是网站开发的一项重点工作,直接影响网站的受欢迎程度。在确定网站内容时,可以列出内容清单来分析比较。把网站的用户可能会喜欢或需要的内容罗列出来,再把现有的、能够提供的或想要提供的内容罗列出来,把这些内容反复比较和衡量,最后结合实现技术,确定网站要发布的内容。

对于旅游网站来说,由于网站的性质和目的具有一定商业性,因此网站的内容要为旅游公司服务,应以宣传企业形象和促进企业业务为主体,同时要体现为客户服务的指导思想。

网站的内容通常是按照网站的栏目来索引,在制定栏目时要仔细考虑,合理安排,将网站的主题明确地表现出来,删除与主题无关的栏目,将网站最有价值的内容列在栏目上,同时还要尽可能方便用户访问和查询。一般情况下,旅游网站可以设置的栏目有旅游景点、风光图库、旅游资讯、旅游线路、风土人情、常见问题和联系方式等。

2.3.1 设计原则和标准内容

1. 内容设计原则

在 2.1.2 节中介绍了网站设计的基本原则,这些原则也是网站内容设计时应遵循的原则。除此之外,在进行网站内容设计时还要遵循以下基本原则:

- 网页的文本内容应该简单明了,通俗易懂。

- 网站的内容应层次分明，便于浏览。
- 尽量减少文件的数量和大小。图像和多媒体信息的使用要适中，避免影响下载速度。
- 网站的内容应该是动态的，可随时进行修改和更新。
- 网站中应该提供一些用户帮助功能。

2. 标准内容

一般情况下，一个标准的网站应该包括以下内容：

(1) 站点结构图。站点结构图是一种有关站点结构、组织方式的示意图，也是站点的分级结构图。采用这种方式可以使用户迅速找到信息所在的位置，例如某些网站的帮助页面就是以站点地图的形式表示的。

(2) 导航栏。导航栏是每个网站都应该包括的一组导航工具，它应出现在网站的每一个页面中。导航栏中的内容应与站点结构图中的主要栏目相关联。

(3) 联系方式。联系方式通常是通过导航栏链接的一个页面来表示。在这个页面中包括网站所属者的通信地址、邮编、联系人、传真、电话号码和 E-mail 等基本联系信息。

(4) 交互渠道。除了上面提到的 E-mail 外，网站还应提供其他交互渠道，如意见反馈、BBS 等。利用这些交互渠道，用户可以随时提出信息需求，发表对网站的意见。同时，也为网站开发者提供了不断提高服务质量以满足用户需求的机会，甚至还可以从反馈信息中发现一些改进公司产品的好主意。

(5) 有价值的信息。在每个页面中都要包含与主题相关的、有价值的和吸引人的内容。语言要通俗易懂，对专业用语及技术术语要进行解释。当涉及产品介绍时，除了要有详细的文字说明外，还要有精心修饰过的产品图像。

(6) 常见问题解答。常见问题解答也是通过导航栏链接的一个页面，这个页面通常是在其上面部分或是左面部分列出常见问题，而将每个问题的回答链接在页面的下面或是右面部分。

(7) 搜索工具。提供搜索工具可以使得用户通过关键词或词组快速定位于关键词相关的页面或页面列表，方便用户查询信息。

(8) 更新说明。网站要不断地更新，加入新的信息。更新的内容要予以说明，通常可以在更新的信息旁边加注一个亮丽的小图标"新"，也可以为最新消息创建单独页面，经过一段时间后将其移入到适当的目录中。另外，在主页和每个页面的下面加注一行文字，表明本网站或每个单独页面最近一次被更新的时间。

(9) 相关站点链接。网站要提供到合作伙伴或其他相关站点的链接。对于每个链接都要做简要的说明，并对它被链接的原因进行阐述，这些信息可以帮助用户选择最符合其需求的站点。另外，要定期访问各链接站点，删除那些不能链接访问的站点。

2.3.2　目录结构设计

网站的目录是指建立网站时创建的目录，用于存放网站的所有文件。网站目录的设计不影响网站的浏览,但是对于站点的上传和维护以及内容的扩充和移植都有重要的影响。因此,需要对网站的目录进行设计,将网站中的各种文件分门别类地存放到网站的不同子文件夹中。设计网站的目录如同设计一个网站一样,要分析网站的栏目和内容,根据网站的内容和性质进行分类。

在对网站目录结构进行设计时,要注意以下问题:

1. 不要将所有的文件都存放在根目录下

根目录下文件过多容易造成文件管理混乱,降低工作效率和上传速度。服务器一般都会为根目录建立一个文件索引,当上传文件时,服务器需要将所有文件检索一遍,建立新的索引文件,文件量越大,需要的时间也将越长。所以,尽可能减少根目录的文件存放数。

2. 按栏目内容建立子目录

按照主栏目来建立子目录,如果某些栏目的内容特别多,又分出很多下级栏目,可以相应地再建立其子目录。对于需要经常更新的栏目,可以建立独立的子目录。而一些相关性强,不需要经常更新的栏目,可以合并放在一个统一目录下;所有程序一般都存放在特定目录下;所有需要下载的内容也最好放在一个目录下。

3. 在每个主目录下建立独立的 images 目录

为了便于图像文件的管理,在为每个栏目创建了子目录后,还要为每个主栏目建立一个独立的 images 目录,用来存放该栏目中的图像文件,这样方便按照栏目对图像文件进行管理。根目录下通常也建立一个 images 目录,主要用来存放主页或是一些需要在多个栏目中共享的图像文件。

4. 目录的层次不要超过三层

目录层次过深,不方便网站的维护管理。而使用中文目录可能对网址的正确显示造成困难。使用过长的目录名称不便于记忆和使用。另外,对目录进行命名时应尽量选用意义明确、便于记忆的名称。

2.3.3　链接设计

网站链接是指网站页面之间相互链接的拓扑结构。网站链接设计的目的在于使用最少的链接,方便用户访问网站中的所有内容,同时使得浏览最有效率。如果链接结构设计不当,会使得网站中的一些重要页面无法被访问。对网站链接的设计要建立在目录结构基础之上,但可以跨越各个目录。

通常情况下,网站的链接结构有以下方式。

1. 树型链接结构

树型链接结构类似于文件的目录结构,首页链接指向一级页面,一级页面链接指向二级页面，二级页面指向三级页面，依次类推，如图 2-7 所示。在这样链接结构的网站浏览时，用户逐级进入，逐级退出。树型链接结构的优点是层次清晰，用户明确知道自己所处的位置。缺点是效率低，一个栏目下的子页面到另一个栏目下的子页面的跳转必须经过首页才能到达。

2. 星型链接结构

星型链接结构类似局域网中的星型结构，首页和一级页面之间用星型链接结构，一级和二级页面之间用树型链接结构，如图 2-8 所示。这种链接结构的优点是浏览方便。缺点是链接关系混乱，容易使用户迷路，弄不清自己的位置。

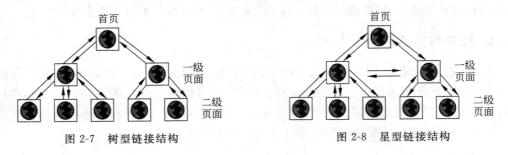

图 2-7　树型链接结构　　　　　　　图 2-8　星型链接结构

3. 网状链接结构

在网状链接结构中，每两个页面之间都建立链接关系，如图 2-9 所示。网状结构的优点是充分利用了 Web 页面之间的超链接功能，使得用户可以方便地跳转到自己喜欢的页面。缺点是链接关系更加混乱，可能使用户对众多信息之间的关联产生迷惑。

4. 表格链接结构

许多相同性质或是类别的信息链接可以采用表格的形式进行组织，如图 2-10 所示。表格链接结构的优点是使得同类链接信息一目了然，便于理解和浏览；缺点是需要用户对链接信息的主题或是组织有一定的了解。

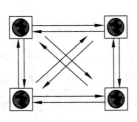　　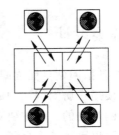

图 2-9　网状链接结构　　　　　图 2-10　表格链接结构

大多数复杂的站点一般是上述 4 种结构形式的综合运用。设计站点一定要考虑到站点的内容、信息之间的关联以及用户的特点，然后根据特定的要求选择特定的结构。

2.3.4 导航设计

网站导航设计是指建立清晰直观的导航系统,帮助用户明确网站链接关系以及当前所处位置。当站点内容庞大、分类明细,需要三级以上页面层次时,通常都需要在页面显示导航系统。

常见的导航模式有以下形式:

1. 顶部水平导航栏

顶部水平栏导航是当前两种最流行的网站导航菜单设计模式之一,最常用于网站的主导航菜单,且通常放在网站所有页面网站 Logo 的直接上方或直接下方,如图 2-11 所示。顶部水平栏导航设计模式有时伴随着下拉菜单,当鼠标移到某个项上时弹出它下面的二级子导航项。

图 2-11　顶部水平导航栏案例

2. 竖直/侧边导航栏

竖直/侧边导航栏将导航项排列在一个单列中,通常位于左上角,属于当前最通用的模式之一,如图 2-12 所示。竖直/侧边导航栏经常作为顶部水平导航栏的下一级导航系统使用。

3. 选项卡导航栏

选项卡导航栏的样子和功能都类似真实世界的选项卡,外观可以随意设计,从逼真的、有手感的标签到圆滑的标签,以提升网页视觉效果,如图 2-13 所示。

4. 面包屑导航

面包屑的名字来源于 Hansel 和 Gretel 的故事,他们在沿途播撒面包屑以用来找到回家的路。将此原理应用于网页浏览过程中,记录用户浏览的层次目录,以方便其确认在网站中所处的当前位置,如图 2-14 所示。面包屑通常作为二级导航的一种模式,辅助网站的主导航系统。

图 2-12　竖直/侧边导航栏案例

图 2-13　选项卡导航栏案例

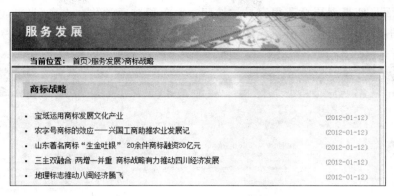

图 2-14 面包屑导航案例

5. 标签云导航

将许多标签链接组织成标签云，导航项可能按字母顺序排列（通常用不同大小的链接来表示这个标签下有不同数量的内容），或者按流行程度排列，如图 2-15 所示。标签云导航也通常用于二级导航，很少用于主导航，标签云通常出现在边栏或底部。

6. 搜索导航

近些年来，网站检索已成为流行的导航方式，非常适合拥有无限内容的网站（像维基百科），这种网站很难使用其他导航，如图 2-16 所示。搜索对于清楚知道查找内容的用户非常有用，但是有了搜索并不代表着就可以忽略好的信息结构，它无法保证那些没有查找目标或是想发现潜在的感兴趣内容的用户可以查找到合适的内容。

图 2-15 标签云导航案例

图 2-16 搜索导航案例

7. 弹出式菜单和下拉菜单导航

弹出式菜单（与竖直/侧边栏导航一起使用）和下拉菜单（一般与顶部水平栏导航一起使用）是构建健壮的导航系统的好方法，如图 2-17 所示。菜单导航使得网站整体上看起来很整洁,而且使得深层章节很容易被访问。菜单导航通常结合水平、竖直或是选项卡导航一起使用,作为网站主导航系统的一部分。

图 2-17　下拉菜单导航案例

8. 分面/引导导航

分面/引导导航(也叫做分面检索或引导检索)最常见于电子商务网站。基本上来说,引导导航提供额外的内容属性筛选,如图 2-18 所示。假设用户在浏览一个新的 LCD 显示器,引导导航可能会列出大小、价格、品牌等选项。基于这些内容属性,用户可以导航到匹配条件的项。引导导航在拥有巨大数量货物的大型电子商务网站中是非常宝贵的。用户通过直接搜索通常很难找到想要的东西,并且增加了用户漏掉产品的可能性。

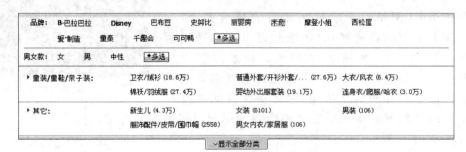

图 2-18　分面/引导导航案例

9. 页脚导航

页脚导航通常用于次要导航,并且可能包含了主导航中没有的链接,或是包含简化的网站地图链接,如图 2-19 所示。用户通常在主导航找不到需要的内容时会去查看页脚导航。绝大多数网站都有不同形式的页脚导航,即使只是重复其他地方的链接。

总的来说,大多数网站不只使用一种导航设计模式。例如,一个网站可能会用顶部水平栏导航作为主导航系统,并使用竖直/侧边栏导航系统来辅助它,同时还用页脚导航来做冗余,增加页面的便利度。如果在进行网站设计时所选导航系统是基于导航设计模式的,那么必须设计相应的信息结构以及网站特性的方案。导航是网站设计的重要部分,其效果来自坚实的基础设计。

图 2-19　页脚导航案例

2.3.5　资料搜集

网站设计完毕后就开始收集与网站相关的资料。资料收集是一个复杂的过程,包括规划资料、具体搜索以及编辑整理等。

1. 规划资料

网站资料规划的目的是便于对资料进行分类、整理和使用。网站的资料规划是在确定网站的主题和栏目的基础上进行的。在网站的资料规划中,首先要做的工作是对网站的各个栏目进行分析,确定哪些栏目要搜集资料。其次,当确定了需要搜集的内容后,才开始具体规划资料。

规划资料也就是对需要搜集的资料进行分类组织,按照不同的版块和不同的栏目以及同一栏目下不同的子栏目建立的不同文件夹,使得不同类别的资料存放在不同的文件夹中。经过规划的资料组织结构如图 2-20 所示。资料规划好后就可以将所搜集的资料分别存放在不同的文件夹中。

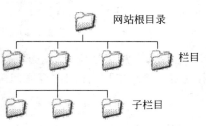

图 2-20　资料规划组织结构

2. 资料搜集

可以通过各种途径搜索相关资料,包括自己编辑整理的资料和一些共享资源。常见的搜集资料的途径有以下几种:

(1) 从企业内部公开的资料中搜集,例如宣传手册、各种报告和技术资料等。

(2) 从公开出版物中搜集,例如期刊、图书和报纸等。

(3) 从 Internet 中搜集,例如各种论坛、联机数据库等。在 Internet 上可以通过各种搜索引擎查找关键字来搜索资料。

2.4 任务2 "辽宁风景旅游"网站站点详细设计

目的

通过具体网站设计任务,进一步熟悉网站设计的过程。

要点

结合网站设计要求,逐步开展网站设计工作的步骤。

本节任务的目标是对辽宁风景旅游网站进行设计以及资料搜集。辽宁风景旅游网站的建站目标是通过网站面向广大旅游者对辽宁风光景点进行宣传,其内容包括首页、旅游景点、风光图库、旅游资讯、旅游线路、风土人情、常见问题以及联系我们等栏目。

步骤1 目录结构设计。基于"辽宁风景旅游"网站的主题及栏目设计网站的目录结构,层次结构为三层,主页→栏目→详细内容。此外,网站根目录、栏目以及子栏目下都设置一个 images 文件夹,设计结果如图 2-21 所示。

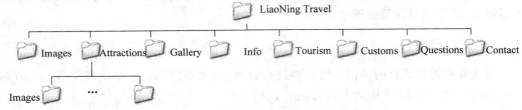

图 2-21　辽宁风景旅游网站目录结构设计

步骤2 链接结构设计。辽宁风景旅游网站采取星型链接结构,主页和栏目之间采用星型链接,栏目和详细内容之间采用树型链接,设计结果如图 2-22 所示。

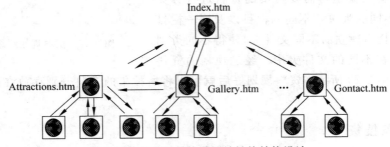

图 2-22　辽宁风景旅游网站链接结构设计

步骤3 导航系统设计。辽宁风景旅游网站采用顶部水平导航栏导航系统,在网站的每个页面顶部显示首页以及各个栏目的导航按钮,如图 2-23 所示。

步骤4 资料收集。根据辽宁风景旅游网站栏目所涉及内容搜集相应的资料。例如,通过 Internet 收集辽宁各个旅游景点的风光图像,以及相关的景点介绍材料等,放入对应的文件夹中。

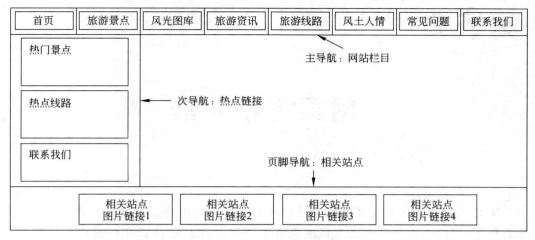

图 2-23　辽宁风景旅游网站导航系统设计

2.5　思考与练习

（1）什么是网站设计？网站设计时需要遵循哪些原则？

（2）确定网站主题时应该注意哪些问题？

（3）确定网站名称时需要注意哪些问题？

（4）对网站进行风格与形象设计时需要遵循哪些基本原则？

（5）Dreamweaver 中的站点管理有哪些功能？

（6）对网站内容进行设计时应该遵循哪些基本原则？

（7）网站应具备哪些标准内容？

（8）常见的网站链接结构有哪些？

（9）常见的导航系统有哪些？

（10）对网站内容进行设计的基本步骤有哪些？

第 **3** 章

网页基本元素

　　网页制作过程中最常用的基本元素有文字、图像、超链接、表格、声音、动画、视频和表单等。有时,为了使网页内容层次分明、结构清晰,还可以在网页内容中插入水平线。

　　第 2 章介绍了如何建立站点,以及在站点中添加文件和目录的方法,并设计实现了 LiaoNing Travel 网站的目录结构。本章以"辽宁风景旅游"网站的部分网页为实例,如图 3-1 所示,把网页设计元素穿插于具体的案例之中,介绍各种网页基本元素的应用方法,并说明设计过程,完成网页中局部内容的设计。

图 3-1　辽宁风景旅游网站热点线路页面(局部)

3.1　任务 1　"景点介绍"网页设计

目的

　　熟练掌握网页文本的输入方法,特别是空格、插入水平线、日期和特殊符号的输入方法,掌握对文本进行编辑的方法和技巧,掌握利用 HTML 标签设置文本格式的方法。

要点

（1）文本是网页发布信息所用的主要形式，合适的文本内容和格式，既能符合网页的主题，又能吸引用户的注意力。

（2）文本设置的内容主要包括字体、字号、颜色、间距、段落格式和项目列表等，可以通过属性面板或者 HTML 标签方式进行设置。

文本是网页中最基本的元素，是网页发布信息所用的主要形式，以文本为主要内容制作出的网页占用空间小，网页加载的速度快，可以很快地展现在用户面前，而没有编排点缀的纯文本网页不易激发用户浏览的兴趣，所以，网页中的文本需要进行编辑，包括字体、字型、字号、颜色、内容的层次样式和段落格式等。本节以图 3-2 中的"本溪关门山森林公园"景点介绍网页为设计目标，实施文本内容的编辑操作。

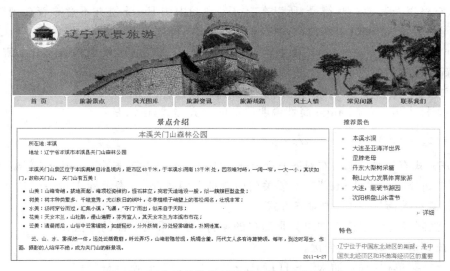

图 3-2 辽宁风景旅游网站景点介绍页面（局部）

3.1.1 文本的输入

步骤 1 新建网页文件。打开 Dreamweaver CS5，进入站点 LiaoNing Travel，网站的目录结构如图 2-21 所示，在 Info 目录内新建网页文件并命名为 BxGmsInfo.html。

步骤 2 文本的输入。在 Dreamweaver CS5 的"文档窗口"中添加文字，共有下面三种方法：

（1）直接输入。先选择要输入文本的位置，然后直接在 Dreamweaver"文档窗口"的"设计"视图中输入文本"本溪关门山森林公园"，此时在"代码"视图中的＜body＞＜/body＞标签对中间自动生成如下代码：

```
<body>
本溪关门山森林公园
```

```
</body>
```

＜body＞…＜/body＞是 HTML 文档主体标志,网页代码中处于标志对之外的文字为原样显示。

（2）"复制"与"粘贴"。复制需要输入的文字内容,在 Dreamweaver 的"设计"视图中选择输入的位置,进行粘贴操作。

（3）从 Word 文档中导入文本。将收集的网页文本内容形成 Word 文档后,选择菜单栏中的"文件"→"导入"→"Word 文档"命令,在弹出的菜单中选择需要的文件,Dreamweaver 会直接将 Word 文件内容显示在网页中。

选择上述方法之一,将所有文字输入网页文件中。注意,如果使用后两种方法,输入的文字会附带源文本的格式。

步骤 3 控制换行和段落。浏览器在解释 HTML 文档的时候会自动忽略源文件中的回车、空格以及其他一些符号,所以在"代码"视图中按 Enter 键并不意味着在浏览器内看到不同的段落,在网页中的换段或换行需要使用不同的标签。

（1）段落标记。"文档窗口"的"设计"视图中输入文字的时候如果按 Enter 键,则创建一个新的段落,在代码区会生成＜p＞＜/p＞标签,新段落的内容显示在＜p＞＜/p＞之间。＜p＞＜/p＞标签称为段落标记,或者强制换段标记符。

＜p＞标志可以使用 align 属性说明段落的对齐方式,语法是:

```
<p align="对齐方式">…   </p>
```

对齐方式有 4 种:left(左对齐)、center(居中)、right(右对齐)和 justify (两端对齐)。
例如＜p align＝"Center"＞本溪关门山森林公园＜/p＞,表示标志对中间的文本"本溪关门山森林公园"使用居中对齐方式。

（2）强制换行标记符。如果只是简单的换行,可以采用下面的方法:

* 按 Shift＋Enter 组合键。
* 选择菜单栏中的"插入"→ HTML→"特殊字符"→"换行符"命令。
* 在"插入"面板的"文本"类别中单击"字符"→"换行符"按钮。

与强制换段标记符效果相比,换行的行间距较小。换行之后,代码区生成＜br＞标签。＜br＞是一个单标签,放在行末,可以使后续的文字、图像和表格等换行显示,而又不会在行与行之间留下空行,即强制文本换行。

此时对应代码如下,其网页效果如图 3-3 所示。

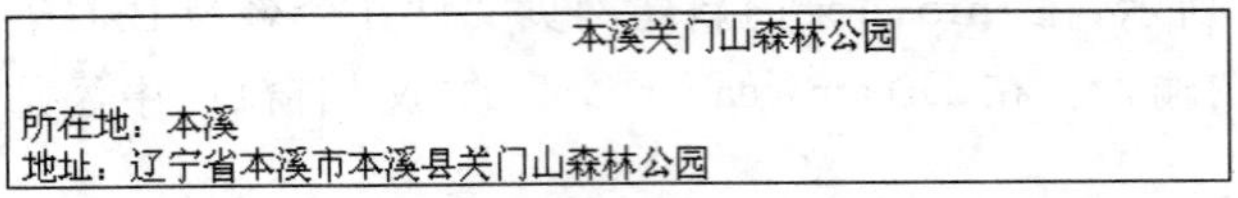

本溪关门山森林公园

所在地:本溪
地址:辽宁省本溪市本溪县关门山森林公园

图 3-3　文本段落设置效果

```
<body>
        <p align="center">本溪关门山森林公园</p>
        <p align="left" >所在地:本溪
            <br>地址:辽宁省本溪市本溪县关门山森林公园
```

```
        </p>
</body>
```

小技巧：在编辑代码时，标签都提供了属性的设置，方法是先选择"文档窗口"的"代码"视图中的标签，在标签中输入空格，可以显示该标签的属性列表，可以通过鼠标或者方向键选择属性，进行设置，如图3-4所示。

步骤 4　水平线的插入。在"设计"视图中将光标定位在要插入水平线的位置，执行下列操作之一：

* 选择菜单栏中的"插入"→HTML→"水平线"命令。
* 选择"插入"面板中的"常用"→"水平线"按钮，如图3-5所示。

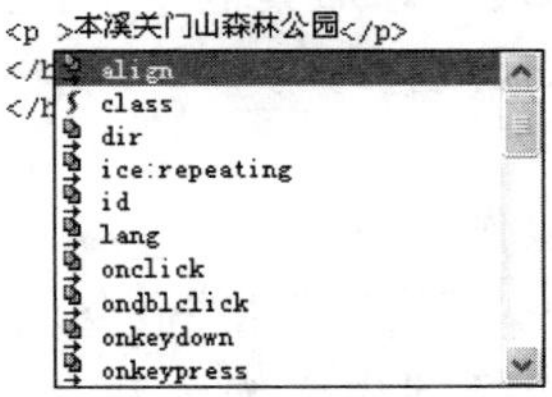

```
<p >本溪关门山森林公园</p>
</    align
</    class
      dir
      ice:repeating
      id
      lang
      onclick
      ondblclick
      onkeydown
      onkeypress
```

图 3-4　属性设置

图 3-5　"插入"面板中的常用类别按钮

水平线插入网页中的效果如图3-2所示。如果需要对水平线进行设计修改，有以下三种方法：

（1）标志法

水平线的标志为＜hr＞，有 size、color、width 和 noshade 属性，其中 size 属性是设置水平线的高度；color 属性用于设置水平线的颜色；width 属性是设置水平线的宽度，默认单位为像素；noshade 属性是设置水平线没有阴影的效果。

例如，设置一条水平线：居中对齐，宽度为300px，高度为2px，颜色为红色，有阴影。代码如下：

```
<hr align="center" width="300px" size="2" color="red" />
```

（2）属性面板

选定插入的水平线，打开"属性"面板，如图3-6所示，设置水平线的高度、宽度、对齐方式以及是否有阴影等属性。

图 3-6　水平线的"属性"面板

- 宽、高：水平线的宽度和高度，可以使用像素或以百分比为单位。
- 对齐：水平线的对齐方式，有"默认"、"左对齐"、"居中对齐"或"右对齐"4 种设置方式。仅当水平线的宽度小于浏览器窗口的宽度时，该设置才适用。
- 阴影：绘制水平线时是否带阴影，取消该选项将使用纯色绘制水平线。
- 类：可用于附加层叠样式表，或者应用已附加的层叠样式表中的类。有关层叠样式表的使用详见第 5 章。

在"属性"面板中设置水平线样式，效果等同于在代码窗口中输入标签的属性。

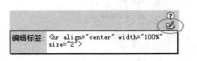

图 3-7　快速标签编辑器

（3）快速标签编辑器

选中水平线，然后单击"属性"面板中的快速标签编辑器按钮，打开编辑标签窗口，输入代码，进行设置，如图 3-7 所示。

水平线的作用是对网页内容进行组织和分隔，在页面上可以使用一条或多条水平线以可视方式分隔文本和对象。

步骤 5　输入连续的空格。输入景点介绍的具体内容时，段首需要空两个中文字符，但 HTML 默认只允许字符之间有一个空格。若要在文档中添加其他空格，必须插入不换行空格，或者设置一个在文档中自动添加不换行空格的首选参数。

（1）插入不换行空格

将光标定位到需要输入多个空格的位置，执行下列操作之一：

- 选择菜单栏中的"插入"→HTML→"特殊字符"→"不换行空格"命令。
- 按 Ctrl＋Shift＋空格键或将文字的输入方式切换到中文输入法，设置为全角状态。
- 在"插入"面板的"文本"类别中选择"字符"→"不换行空格"按钮。
- 将光标定位到需要输入多个空格的位置，切换到"代码"视图，在 HTML 代码中连续输入多个 ；。

（2）编辑首选参数法

选择菜单栏中的"编辑"→"首选参数"命令，在弹出的对话框中选择左侧分类列表中的"常规"选项，在右边"编辑选项"下选中"允许多个连续的空格"复选框，如图 3-8 所示。

步骤 6　插入日期。在"文档窗口"的"设计"视图中定位光标在要插入日期的位置，执行下列操作之一，将打开"插入日期"对话框，选择所需要的日期格式，如图 3-9 所示。

- 选择菜单栏中的"插入"→"日期"命令。
- 选择"插入"面板中"常用"类别中的"日期"按钮。

"储存时自动更新"选项是指在每次保存文档时都会更新插入的日期。取消对该选项的勾选，日期在插入后变成纯文本并不自动更新。

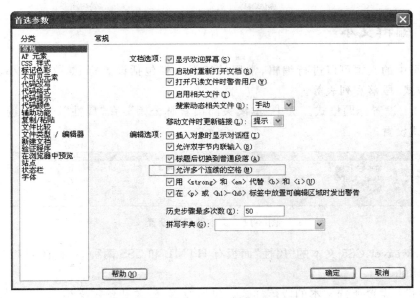

图 3-8　"首选参数"对话框

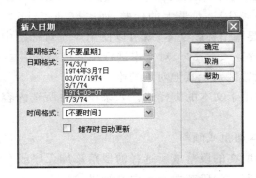

图 3-9　"插入日期"对话框

以上步骤完成后,生成的页面结果如图 3-10 所示。

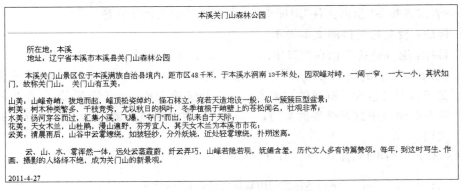

图 3-10　景点介绍页面初步生成效果

3.1.2　编辑文本

对网页中的文本可以进行编辑，常用的编辑内容包括设置标题、文字大小、字体、颜色、对齐方式、段落和列表等。

步骤 1　设置标题格式。选中"本溪关门山森林公园"，在"属性"面板中进行图 3-11 所示的格式设置。

图 3-11　文本的属性设置

Dreamweaver CS5 文本的"属性"面板有 HTML 和 CSS 两种视图，在 HTML 视图中的属性说明如下：

- 格式：设置所选文本的段落样式。包括段落、标题和预定义格式。"段落"格式使用<p>标签的默认格式设置；标题的标志对从<h1></h1>到<h6></h6>共 6 对：<h1></h1>是最大的标题，而<h6></h6>则是最小的标题，如果HTML 文档需要输出标题文本，就可以使用这 6 对标题中的任何一对；预定义格式标志对为<pre></pre>，对文本进行预处理操作。
- ID：所选内容设置区别于其他对象的唯一标识。
- 类：显示当前应用于文本的类样式。如果没有对所选内容应用过任何样式，则显示"无"。
- B、I：将所选文本加粗或倾斜。
- 为光标所在的段落或所选择的段落添加无序或有序项目列表。
- 使光标所在的段落向右或向左缩进。
- 链接：为所选的文本建立超链接。可以在其后面的文本框中输入要链接文档的路径名称，也可以单击右侧的"文件夹"图标，在弹出的对话框中选择链接的文档，或者按住"指向文件"图标，指向要链接的文档建立超链接。
- 标题：设置超链接的文本提示。
- 目标：选择链接文档在窗口中的打开方式。可选择的方式有以下 4 种：_blank 选项，表示在新的浏览器窗口中打开链接的文档；_parent 选项，表示在当前文档的父级框架或包含该链接的框架窗口中打开链接文档；_self 选项，表示在当前文档所在的窗口中打开链接的文档；_top 选项，表示在整个浏览器窗口中打开链接的文档。

对文本进行编辑后，生成 HTML 代码如下：

```
<p align="Center"><h3>本溪关门山森林公园</h3></p>
```

在 Dreamweaver 早期版本的文本"属性"面板中可以直接对文本的字体、大小和颜色等进行设置,而在 Dreamweaver CS5 中将这些功能放在文本属性面板的 CSS 视图中。关于 CSS(层叠样式表)将在第 5 章中详细介绍,本章主要采用 HTML 标签的方式进行设置。

步骤 2 设置文字大小、字体和颜色。选中需要设置的文本,例如"所在地:本溪",切换到"拆分"视图,此时"代码"视图中代码位置与"设计"视图可视化效果一致,在其外面加上如下代码,并按照如下形式逐一改变页面文本的属性:

```
<font color="darkred" face="宋体" size="12px">所在地:本溪 </font>
```

文本格式标签<font></font>提供多种属性,可以对页面文本的字体、大小、颜色进行设置。color 属性是设置文本的颜色,可以使用 6 位十六进制数来表示,也可以在系统颜色面板中选择,如图 3-12 所示,也可以是 HTML 语言给定的颜色常量名;face 属性用来设置字体;size 属性用来改变字体的大小。

如果页面中的所有字体颜色相同,可以使用<body>标志的 text 属性控制网页文本颜色,将页面文本全部设置成相同的颜色。例如:

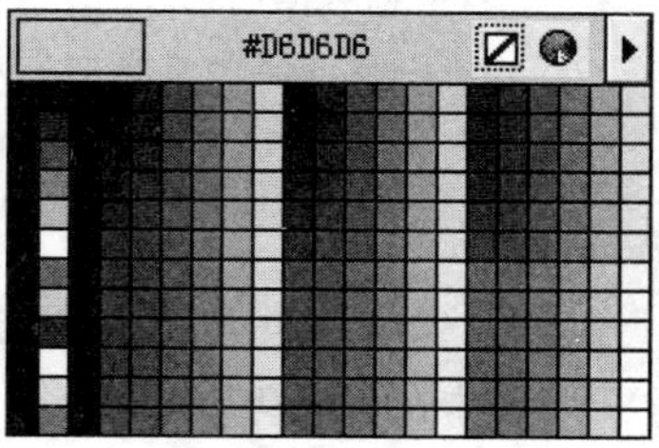

```
<body text="darkred"> … <body>
```

图 3-12　颜色选择面板

darkred 为 HTML 语言给定的一种颜色常量名。

步骤 3 设置文本对齐方式。将图 3-11 所示的日期设为"右对齐",选中插入的日期,在相应的"代码"视图中会看到相应的脚本程序,在其外部仿照下面格式设置对齐方式。

```
<div align="right">2011-4-27 </div>
```

<div>标签可以定义文档中的分区或节(division/section),把文档分割为独立的、不同的部分,其中的内容自动地开始一个新行。实际上,换行是 <div> 固有的唯一格式表现。align 是 div 标签的一个属性,其值可选 left、right、center 和 justify,即左对齐、右对齐、居中对齐和两端对齐。

在 Dreamweaver CS5 中,对文字进行复制、粘贴、移动、删除与设置字体字型(粗体、斜体、下划线)等与其他文字处理软件如 Microsoft Word 等操作方法基本相同。

特别说明的是,多种标签都有对齐方式的属性,例如段落标签<p>。

步骤 4 无序列表的生成。在"设计"视图中选中从"山美:"到"扑朔迷离。"的全部文本,在底部的"属性"面板中单击无序列表标签 ▤。

此时对应的代码如下:

```
<ul>
    <li>山美:山峰奇峭,拔地而起,峰顶松姿绰约,怪石林立,宛若天造地设一般,似一簇簇
    巨型盆景;</li>
    <li>树美:树木种类繁多、千枝竞秀,尤以秋日的枫叶,冬季植根于峭壁上的苍松闻名,壮
    观非常;</li>
    <li>水美:汤河穿谷而过,汇集小溪,飞瀑,"夺门"而出,似来自于天际;</li>
```

```
            <li>花美：天天木兰,山杜鹃,漫山遍野,芬芳宜人,其天女木兰为本溪市市花;</li>
            <li>云美：清晨雨后,山谷中云雾缭绕,如披轻纱,分外妖娆,近处轻雾缭绕,扑朔迷离。
            </li>
    </ul>
```

在 Dreamweaver 中列表分为两种：有序列表和无序列表。无序列表没有顺序,每一项前边都以同样的符号显示;有序列表前边的每一项有序号引导。上述代码为静态页面中的无序列表。

无序列表的格式为：

```
<ul type="符号类型">
    <li type="符号类型">…</li>
    <li type="符号类型">…</li>
    ⋮
</ul>
```

其中,<ul>…</ul>标志对说明了列表的范围,而中间的每一对<li>…</li>说明了列表中的每一项。type 属性可以为 disc(实心圆点)、circle(空心圆点)、square(方块)和自定义图像,通常采用默认值"实心圆点"。

有序列表的格式为：

```
<ol type="符号类型">
    <li type="符号类型">…</li>
    <li type="符号类型">…</li>
    ⋮
</ol>
```

其中,<ol></ol>标志对用来创建一个有序列表,界定了列表的范围;中间的每一个列表项仍使用<li></li>标志对有序列表对应代码;type 属性选项较多。

- 数字：序号按数字序号编排,如 1,2,…。设置形式 type=1,是系统默认的方式。
- 大写英文字母：序号按大写英文字母编排,如 A,设置形式为 type=A。
- 小写英文字母：序号按小写英文字母编排,如 b,设置形式为 type=b。
- 大写罗马字母：序号按大写罗马字母编排,如 I,设置形式为 type=I。
- 小写罗马字母：序号按小写罗马字母编排,如 i,设置形式为 type=i。

3.2 任务 2 "景点 banner"设计

目的

了解图像格式,熟练掌握图像的插入并设置图像属性,掌握图像的 HTML 标签,掌握创建鼠标经过图像、插入图像占位符的方法。

要点

（1）图像是网页中的基本元素，在 Dreamweaver 中对图像的操作主要包括插入图像、设置图像属性、绘制图像热点、对图像进行编辑加工等。除了常规的图像文件之外，还可以插入图像占位符、鼠标经过图像等特殊形式的图像。

（2）图像的合理运用可以体现网站的风格和特色。

在网页设计中，图像可以起到提供信息、展示作品、美化网页和体现风格等效果，用做网站标志、网页背景、内容显示、链接按钮和导航条等。

网页中使用的图像主要有 JPEG、GIF 和 PNG 等格式。JPEG（Joint Photographic Experts Group，联合图片专家组）是目前所有格式中压缩率最高的格式，当对图像的精度要求不高而存储空间又有限时，是一种理想的存储格式。GIF（Graphic Interchange Format，可交换图像格式）由于图像文件小，支持透明度和动画而成为网络中最常用的格式之一，但只支持 256 种颜色，图像精度不高，最适合显示色调不连续或具有大面积单一颜色的图像，例如导航条、按钮、图标、徽标或其他具有统一色彩和色调的图像。PNG（Portable Network Graphic，可移植网络图像）的图片精度高并且支持 256 种透明度，是与平台无关的格式。作为 Internet 文件格式，较旧的浏览器和程序可能不支持 PNG 文件，而且与 JPEG 文件相比，PNG 文件较大。

在网页中使用图像，要考虑图像文件的大小与数量，如果在网页中加入的图像过多，就会影响网页传输的速度。例如，网页背景图可以加强视觉效果，但需要占据较大的空间，致使网页的显示速度明显变慢，所以访问量比较大的网站一般都不设置背景图像。

3.2.1 图像插入

网页中的图像可以体现网站的风格、特色和主题，图文并茂是衡量网站的标准之一。在 Dreamweaver 中插入图像的基本方法如下：

步骤 1 建立网页文件。进入站点 LiaoNing Travel，在根目录内新建网页文件并命名为 Index. html。

步骤 2 插入图像。将光标定位在插入图像的位置，执行以下操作之一：

• 选择菜单栏中的"插入"→"图像"命令。
• 选择"插入"面板的"常用"类别中的"图像"按钮。

步骤 3 选择图像位置。选择"插入图像"命令后，将打开图 3-13 所示的"选择图像源文件"对话框，选择需要的文件名称。

• 文件名：图像的文件名。
• 文件类型：筛选图像的类型。
• URL：图像源的路径。
• 相对于：设置图像文件的 URL 的相对位置，共有两种设置方式：相对于"文档"或相对于"站点根目录"。

小技巧：网页文件通常不与网页中的图像保存在同一个文件中，而是单独的图像文

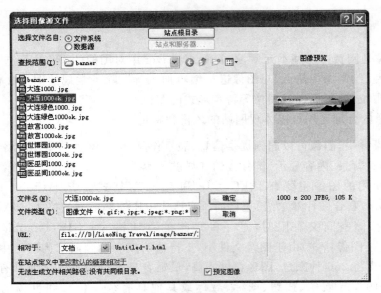

图 3-13 "选择图像源文件"对话框

件夹。在网页中要使用的图像文件必须保存在站点中，常见的是存放在专门的 images 目录中。

步骤 4 设置图像辅助功能。选择插入的图像后，单击"确定"按钮，进入"图像标签辅助功能属性"对话框，如图 3-14 所示。

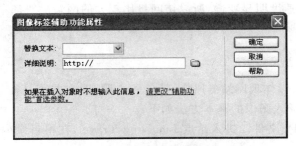

图 3-14 "图像标签辅助功能属性"对话框

- 替换文本：该图像未找到时显示的替换文本。
- 详细说明：对所用图像文件的位置进行说明。

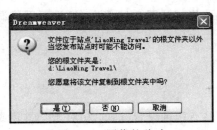

图 3-15 图像的移动

在选择插入图像时，如果图像的存储位置在站点之外，Dreamweaver 会弹出对话框，如图 3-15 所示，提示是否将图像文件复制到站点，单击"是"按钮，将该图像文件复制到站点内的图像文件夹 images 中。

插入图像后，在 Dreamweaver 的"代码"视图中自动生成 HTML 代码，内容如下：

```
<img src="LiaoNingtravel/images/banner.gif" width="1000" height="200">
```

- ＜img＞：图像的标志。
- src：图像文件的路径和名称，也可以是图像的网址。Dreamweaver 并不将图像加入 HTML 文档中，而是通过路径将图像文件嵌入文档中。
- width、height：图像的宽度和高度，单位为像素。

3.2.2 设置图像属性

在"设计"视图中选中图像，或者在"代码"视图中选中该图像标签＜img＞时，Dreamweaver 窗口底部会显示该图像的"属性"面板，如图 3-16 所示。

图 3-16 图像的"属性"面板

在图像的"属性"面板中显示了使用图像的缩略图，缩略图右侧标明了所插入图像的大小为 140K。

- ID：图像区别于其他对象的唯一标识。
- 宽、高：以像素为单位设置图像的宽和高。在网页中插入图像时，Dreamweaver 自动用图像的原始尺寸更新相应数据，用户可以输入新值或直接用鼠标拖动以改变图像的大小。

提示：建议不要更改插入后图像的尺寸，容易产生图像变形，并且不能改变网页文件实际的大小。因此，插入图像前应该使用专门的图像编辑软件（如 Photoshop、Firework 等）进行修改。

- 源文件：图像的源文件。单击"浏览"文件夹的图标📁或者直接输入文件的路径，可以重新定义源文件。
- 链接：图像的超链接。Dreamweaver 提供了不同的设置方法：将"指向文件"图标拖到"站点"面板中的文件，或者单击文件夹图标浏览选择网页文件，也可以手动输入路径名和文件名或者网址。
- 目标：指定链接的目标页所在的框架或窗口。当图像没有链接到其他文件时，此选项不可用。
- 原始：显示图像被载入之前预先载入的低品质图像的地址，以便缩短用户的等待时间。
- 替换：在图像不能正常显示时显示的文本提示信息。在某些浏览器中，当鼠标指针滑过图像时也会显示该文本。
- 编辑：提供了编辑图像的功能，可以调用图像编辑程序或优化图像。
- 对齐：用于设置图像与其周围对象之间的对齐方式。

提示：只有当对齐方式设为左对齐或右对齐时，文字才可以绕在图像周围。

- 地图：设置地图名称以创建图像映射。
- 垂直边距、水平边距：以像素为单位设定图像与周围网页元素间的距离。"垂直边距"沿图像的顶部和底部添加边距。"水平边距"沿图像左侧和右侧添加边距。
- 边框：是以像素为单位的图像边框的宽度，默认为无边框，取值为 0。

在 Dreamweaver 中还提供了基本图像编辑功能，各编辑按钮如下：

- 🖉：启动在"首选参数"→"外部编辑器"中指定的图像编辑器并打开选定的图像进行编辑。
- ⚙：打开"图像"预览对话框优化图像。
- ◺：裁剪。可以修剪图像的大小，从所选图像中删除不需要的区域。
- 🔲：重新取样。可对已调整大小的图像进行重新取样，提高图像在新尺寸和形状下的品质。
- ◐：亮度和对比度。

选择图像后，可单击图像属性检查器中的"亮度和对比度"按钮，或者选择菜单栏中的"修改"→"图像"→"亮度/对比度"命令，弹出"亮度/对比度"对话框，拖动"亮度"和"对比度"滑块，如图 3-17 所示。

- ⚠：锐化可调整图像的清晰度。

选择图像后，单击图像属性检查器中的"锐化"按钮 ，或者选择"修改"→"图像"→"锐化"命令，弹出"锐化"对话框，拖动滑块或在文本框中输入一个 0～10 之间的值，如图 3-18 所示。

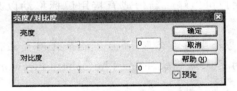

图 3-17 "亮度/对比度"设置

图 3-18 "锐化"设置

3.2.3 插入图像占位符

图像占位符不是一个具体的图像文件，而是为了页面布局的需要，设置占位符以占用相应的页面空间，以备之后在该位置上插入图像所使用的符号。

在制作网页时，如果图像还没有准备好，可以为图像预留一个位置，在页面中设置大小相同的图像占位符暂时代替将要插入的图像。图像占位符可以将图像的位置和大小固定下来，排版完成后再插入对应的图像。

步骤 1 插入图像占位符。在"文档窗口"中将光标定位在要显示图像占位符的位置。执行以下操作之一，打开插入"图像占位符"对话框。

- 选择菜单栏中的"插入"→"图像对象"→"图像占位符"命令，如图 3-19 所示。

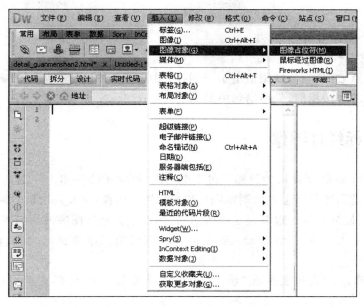

图 3-19 "图像占位符"菜单

- 选择"插入"面板的"常用"类别中的"图像"按钮右侧的箭头,在弹出的菜单中选择"图像占位符"。

步骤 2 设置图像占位符属性。在弹出的"图像占位符"对话框(如图 3-20 所示)中为图像占位符设置大小和颜色,并指定文本标签,然后单击"确定"按钮。

- 名称:作为图像占位符的标签文本,也作为应用行为、编写脚本时引用。名称必须以字母开头,并且只能包含字母和数字。不能用空格和特殊字符。

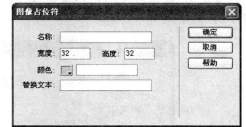

图 3-20 "图像占位符"对话框

- 宽度、高度:设置占位符的宽和高,单位是像素。在进行图像插入时,如果图像大小与图像占位符不符,则以图像的大小为准。
- 颜色:设置占位符的背景颜色,其颜色代码显示在右边的文本框中,或者直接输入颜色的十六进制值(如♯FF0000)或输入网页给定的颜色常量名(如 red)。
- 替换文本:该功能与图像属性中的替代功能一样,当指定图像不能正常显示时显示的关于图像的文本提示信息。在某些浏览器中,当鼠标指针滑过图像时也会显示该文本。

图像占位符实际上是指没有设置 src 属性的<img>标签,在"设计"视图中默认为灰色空白区域,在浏览器中浏览时为一个红叉。在进行如上设置后,会产生如下代码:

```
<img name="" src="" width="32" height="32" alt="" />
```

- name：图像占位符名称。
- alt：设置替换文本。

在发布站点之前，应该使用适用于 Web 的图像文件替换所有添加的图像占位符，方法与设置图像的方法相似，最终语句中的 src 中存放图像文件及其路径。

3.2.4 鼠标经过图像

使用 Dreamweaver 提供的鼠标经过图像功能，有助于改善用户在浏览网页时的视觉效果。鼠标经过图像实际上是由两幅图像组成：初始图像（页面首次装载时显示的图像）和替换图像（当鼠标指针经过时显示的图像）。用于鼠标经过图像的两幅图像大小必须相同。如果图像的大小不同，Dreamweaver 会自动调整第二幅图像的大小，使之与第一幅图像匹配。

步骤 1 确定插入位置。在"设计"视图中将光标定位在要显示鼠标经过图像的位置。

步骤 2 插入鼠标经过图像。执行以下操作之一，打开"插入鼠标经过图像"对话框。

- 选择菜单栏中的"插入"→"图像"→"鼠标经过图像"命令。
- 选择"插入"面板的"常用"→"图像"按钮右侧的箭头，在弹出的菜单中选择"鼠标经过图像"，如图 3-19 所示。

步骤 3 设置鼠标经过图像属性。打开"插入鼠标经过图像"对话框进行设置，如图 3-21 所示。

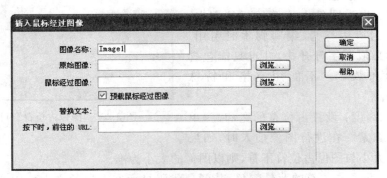

图 3-21 "插入鼠标经过图像"对话框

- 图像名称：为鼠标经过图像命名。
- 原始图像：打开页面时的原始图像，也称为主图像。
- 鼠标经过图像：设置鼠标经过时的图像，也称为次图像。
- 预载鼠标经过图像：选中该复选框，会使鼠标还未经图像时，浏览器也会载入图像到本地缓存中，这样当鼠标经过图像时，次图像会立即显示在浏览器中，而不会出现停顿的现象，加快网页的浏览速度。

- 替换文本：在浏览器中，当鼠标停留在鼠标经过图像上时，在鼠标位置旁显示该文本框中输入的说明文字。
- 按下时，前往的 URL：设置单击鼠标时跳转的链接地址。

3.3 任务 3 "旅游热点"网页设计

目的

了解表格的作用和组成结构，熟练掌握创建、编辑表格的基本方法，掌握控制表格的 HTML 标签及标签的使用，掌握嵌套表格的制作过程，掌握在表格中添加网页元素的方法。

要点

（1）在 Dreamweaver 中对表格的操作主要包括插入表格、设置表格和单元格的属性、修改表格结构和输入表格的内容。Dreamweaver 的表格功能非常强大，"所见即所得"的表格控制使得开发网页的周期大大缩短。

（2）表格是制作网站的最基本技术之一，利用表格布局网页、展示数据是常见的应用方式。

表格是网页设计制作不可缺少的元素，能以简洁明了和高效快捷的方式将图像、文本、数据和表单的元素有序地显示在页面上，进而设计出漂亮的页面。使用表格排版的页面在不同平台、不同分辨率的浏览器里都能保持其原有的布局，而在不同的浏览器平台有较好的兼容性，所以表格是网页中最常用的排版方式之一。

本节任务的目标是利用表格组织网页的局部内容，总体效果如图 3-22 所示。

图 3-22　热点线路网页（局部）

3.3.1 插入并编辑表格

在表格中横向为行，纵向为列，行列交叉的部分就叫做"单元格"。单元格中的内容和边框之间的距离叫"填充距"，单元格和单元格之间的距离叫"间距"，表格的边线叫做"边框",如图 3-23 所示。

步骤 1 新建文件并插入表格。进入站点 LiaoNing Travel,在 Tourism 目录内新建网页文件并命名为 HotTourism. html。在"设计"视图中将鼠标放在需要创建表格的位置,采用下面两种方式之一建立表格。

(1)选择菜单栏中的"插入"→"表格"命令。

(2)选择"插入"面板中的"常用"→"表格"按钮新建一个表格。

步骤 2 设置表格属性。在弹出的"表格"对话框中设置表格的属性,如图 3-24 所示。

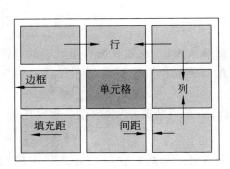

图 3-23　表格的概念

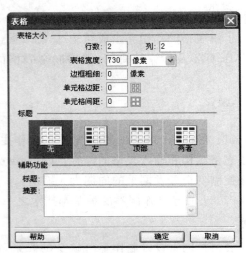

图 3-24　设置表格

- 行数:表格的行数。
- 列数:表格的列数。
- 表格宽度:表格的宽度,可以填入数值。紧随其后的下拉列表框用来设置宽度的单位,有"百分比"和"像素"两个选项。当宽度的单位选择"百分比"时,使用相对宽度设置表格,其参照物为浏览器或者是表格所在的对象。
- 边框粗细:表格边框的宽度。
- 单元格边距:单元格的内部空白的大小。
- 单元格间距:单元格与单元格之间的距离。
- 标题:定义表格的标题,共有 4 种方式:表格无标题;表格第 1 列作为列标题;表格第 1 行作为行标题;行标题和列标题同时设置。
- 标题:设置显示在表格外的表格标题。
- 摘要:设置表格的说明文本。屏幕阅读器可以读取摘要文本,但是该文本不会显示在浏览器上。

设置的效果如图 3-25 所示。

图 3-25　建立的表格

相应的代码如下：

```
<table width="730" border="0" cellspacing="0" cellpadding="0">
    <tr>
        <td> </td>
        <td> </td>
    </tr>
    <tr>
        <td> </td>
        <td> </td>
    </tr>
</table>
```

表格所对应的 HTML 标签均成对出现。

- ＜table＞…＜/table＞：表示定义表格的范围。
- ＜tr＞…＜/tr＞：表示行的范围。
- ＜td＞…＜/td＞：表示列的范围。

步骤3 表格属性面板设置。选中表格，在"属性"面板进行相应设置，如图 3-26 所示。

图 3-26　表格属性

- ID：表格的名称，该值应该唯一。
- 行、列：表格中行和列的数量。
- 宽度：以像素为单位或表示为占浏览器窗口宽度的百分比。
- 填充：单元格内容与单元格边框之间的距离，其单位为像素。
- 间距：相邻的两个单元格之间的距离，其单位为像素。
- 对齐：确定表格相对于同一段落中其他元素（例如文本或图像）的显示位置。"左对齐"沿其他元素的左侧对齐表格，因此同一段落中的文本在表格的右侧换行；"右对齐"沿其他元素的右侧对齐表格，文本在表格的左侧换行；"居中对齐"将表格居中，文本显示在表格的上方或下方。"缺省"指示浏览器应该使用其默认对齐方式。
- 边框：表格边框的宽度，单位为像素。
- 类：对表格设置 CSS 类。CSS 的概念和用法将在第 5 章讲解。
- ⛶、⛶：清除列宽、清除行高，从表格中删除所有明确指定的行高或列宽。
- ⛶：将表格宽度转换成像素，将表格中每列的宽度或高度设置为以像素为单位，同时还将整个表格的宽度设置为以像素为单位。

- 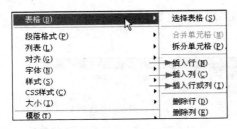：将表格宽度转换成百分比，将表格中各列的宽度、高度和整个表格的宽度设置为占"文档窗口"百分比的表示方法。

技巧：如果没有明确指定边框、单元格间距和单元格边距的值，则大多数浏览器按边框和单元格边距均设置为1px，单元格间距设置为2px来显示表格。若要确保浏览器不显示表格中的边距和间距，需要将"边框"、"单元格边距"和"单元格间距"都设置为0px。

步骤4 更改表格结构。表格设计之后也可以改变行、列的个数。

（1）单个行或列的改变。如果需要增加行或列，则单击某个单元格，选择菜单栏中的"修改"→"表格"→"插入行"或者"插入列"命令，如图3-27所示，在所选择单元格的上面输入一行或在所选择单元格的左侧出现一列。使用相同的过程可以进行行或列的删除。

（2）添加多行或多列。单击单元格，选择菜单栏中的"修改"→"表格"→"插入行或列"命令，会弹出相应的插入对话框，如图3-28所示，可以设置插入的类别（"行"或者"列"）、插入的数量，以及位置（在当前选择单元格的上方或下方插入行、左侧或是右侧插入列），完成设置后，单击"确定"按钮。

图3-27 表格的操作

图3-28 "插入行或列"对话框

（3）拆分与合并单元格。当拆分单元格时，将鼠标放在待拆分的单元格内，单击"属性"面板上的"拆分"按钮，在弹出的对话框中进行设置，如图3-29所示。

图3-29 拆分单元格

同样，当合并单元格时，也要选中要合并的单元格，单击"属性"面板中的"合并"按钮后进行设置。

3.3.2 表格合并与嵌套

初步建立的2行2列的表格与最终实际完成的表格形式差距较大，本节将进行进一步的设计。

步骤1 合并单元格。右击图 3-25 中第 2 行的两个单元格,在弹出的快捷菜单中选择"表格"→"合并单元格"命令,此时代码变为:

```
<table width="730" align="center" border="0" cellspacing="0" cellpadding=
"0">
    <tr>
        <td> </td>
        <td> </td>
    </tr>
    <tr>
        <td colspan="2"> </td>
    </tr>
</table>
```

其中列标签<td>的属性 colspan 表示合并的列的个数。

按照相似的方法,当选择连续的几列后合并单元格可以实现跨行操作,行标签<tr>相应的属性 rowspan 表示跨行的个数。

步骤2 表格嵌套。选中合并后的单元格,按照上节介绍的方法再次插入表格,完成嵌套表格的建立。此表格设置如图 3-30 所示。

图 3-30 嵌套表格设置

设置后的嵌套表格形式如图 3-31 所示。

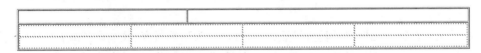

图 3-31 嵌套表格设置效果

设置后对应的代码如下:

```
<table width="730" border="1" align="center" cellpadding="1" cellspacing="1">
    <tr>
        <td> </td>
        <td> </td>
    </tr>
    <tr>
        <td colspan="2">
            <table width="730" border="0" cellspacing="0" cellpadding="0">
                <tr>
                    <td> </td>
                    <td> </td>
                    <td> </td>
                    <td> </td>
```

```
        </tr>
        <tr>
            <td> </td>
            <td> </td>
            <td> </td>
            <td> </td>
        </tr>
    </table>
    </td>
</tr>
</table>
```

从代码中容易看出,在外表格的第 2 行第 1 列的标签内又加入了 2 行 4 列的表格。

步骤 3 设置单元格属性。可以为表格内的每个单元格设置不同的属性。首先选择第 1 行第 1 列单元格,在"属性"面板中进行设置,如图 3-32 所示,按 Tab 键或 Enter 键以应用该值。

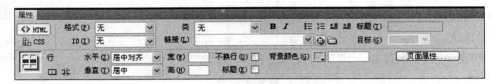

图 3-32　单元格属性

- 水平:设置单元格内容的水平对齐方式,其值可为左对齐、右对齐、居中对齐或者两端对齐。
- 垂直:设置单元格内的垂直排版方式,其值可为顶端对齐、底端对齐或者居中对齐。
- 宽、高:设置单元格的宽度和高度,以像素或按整个表格宽度或高度的百分比为单位。默认情况下该项为空,浏览器选择行高和列宽的依据是能够在列中容纳最宽的图像或最长的行。
- 不换行:可以防止单元格中较长的文本自动换行。
- 标题:使选择的单元格成为标题单元格,单元格内的文字自动以标题格式显示出来。
- 背景颜色:设置表格的背景颜色。
- 边框:用来设置表格边框的颜色。
- 合并单元格:将所选的单元格、行或列合并为一个单元格。只有当单元格形成矩形或直线的块时才可以合并这些单元格。
- 拆分单元格:将一个单元格分成两个或更多个单元格。一次只能拆分一个单元格。如果选择的单元格多于一个,则此按钮禁用。

步骤 4 逐行设置单元格属性。第 1 行第 2 列单元格"右对齐",嵌套表格的第一行各列为水平方向"居中对齐",垂直方向"居中",宽度为 160px,高度为 120px;嵌套表格的第二行为"左对齐"。

表格、行、列、单元格概念各不相同,各自都有自己的属性,这些对象的属性设置是以选择这些对象为前提的。

（1）表格的选择方法

- 单击表格的左上角、表格的顶边缘或底边缘的任意位置或者行或列的边框。
- 单击表格,在"文档窗口"左下角的标签选择器中选中＜table＞标签。
- 右击单元格,在弹出的快捷菜单中选择"表格"→"选择表格"命令。
- 单击单元格,然后在菜单中选择"修改"→"表格"→"选择表格"命令。

（2）单元格的选择方法

- 按住 Ctrl 键,单击选中的单元格。
- 选中状态栏中的＜td＞标签。

（3）多个单元格的选择方法

- 要选中连续的单元格,按住鼠标左键从一个单元格的左上方开始向要连续选择单元格的方向拖动。
- 要选中不连续的几个单元格,可以按住 Ctrl 键,单击要选择的所有单元格。

（4）行、列的选择方法

- 将指针指向行的左边缘,当指针变成选择箭头时单击可以选择此行,上下拖动则可选择多行。
- 将指针指向列的上边缘,当指针变成选择箭头时单击可以选择此列,左右拖动则可以选择多列。

3.3.3　表格内容的添加

步骤 1　在表格内插入图像。选中第 1 行第 1 列单元格,在菜单中选择"插入"→"图像"命令,选择站点内 images 目录中的背景图像,如图 3-33 所示。

步骤 2　在表格内插入文本。选中第 1 行第 2 列单元格,输入文本"＞＞更多"。

图 3-33　背景图像

步骤 3　在表格内插入图像及其代码。选中嵌入表格的第 1 行,每个单元格内各插入一个图像,代码如下:

```
<td align="center" valign="middle">
    <img src="images/asbny.jpg" width="160" height="120"></td>
<td align="center" valign="middle">
    <img src="images/bxgmhongye.jpg" width="160" height="120"></td>
<td align="center" valign="middle">
    <img src="images/bxshuidong.jpg" width="160" height="120"></td>
<td align="center" valign="middle">
    <img src="images/dlbangchuidao.jpg" width="160" height="120"></td>
```

- align：水平对齐方式。
- valign：垂直对齐方式。

步骤4 在表格内插入文本及其代码。分别选中第2行的4个单元格,写入4个景点的文字介绍,其代码如下,网页效果如图3-22所示。

```
<tr>
    <td align="left" valign="top">
        <p align="center">百鸟园</p>
        <p>感受人与自然和谐的趣景,是目前国内同类建筑规模最大,可与鸟儿近在咫尺的拍
        照、嬉戏……</p></td>
    <td align="left" valign="top">
        <p align="center">关门山</p>
        <p>自古就有"东北黄山"、之美誉。因双峰对峙,一阔一窄,一大一小,其状如门,故称
        关门山……</p></td>
    <td align="left" valign="top">
        <p align="center">水洞</p>
        <p>堪称大自然的鬼斧神工,泛舟九曲银河,感受世界奇观,水中游船洞中石景倒映其
        中,如入仙境……</p></td>
    <td align="left" valign="top">
        <p align="center">棒槌岛</p>
        <p>棒槌岛来自一个美丽的传说,它三面环山,翠岭起伏,一面濒海,碧波荡漾,海光山
        色,相映成辉……</p></td>
</tr>
```

3.4　任务4　"热点线路"网页设计

目的

掌握路径的种类,理解路径和超链接的关系,熟练掌握文本链接、图像链接和热点链接的设置方法,掌握设置E-mail链接、创建命名锚记、文件下载以及空链接的方法。掌握控制超链接的HTML标签及标签的使用。

要点

(1) 超链接可以链接文本、图像、程序、音乐和影像等,也可以根据需要创建内部链接、外部链接、邮箱链接、锚记链接和下载链接等,链接的形式多种多样,应合理设置页面链接,链接路径的设置影响网站设计的可移植性。

(2) 超链接与其他的网页元素不同,强调网页与目标的连接关系,是使网站成为统一整体的重要方法之一。

链接(又称为超链接)是WWW技术的核心,是网页中最重要、最基本的元素之一。一个网站是由多个页面组成的,超链接能够使多个孤立的网页之间产生一定的相互关联,从而使单独的网页形成一个有机的整体,还能够使不同网站之间相互通信、建立联系。

3.4.1 超链接概述

1. 超链接的概念

超链接是指从一个网页指向一个目标的连接关系,由链接载体和链接目标两部分组成。链接目标可以是另一个网页,也可以是相同网页上的不同位置,还可以是一个图像、一个电子邮件地址、一个文件,甚至是一个应用程序。而链接载体是在一个网页中用来超链接的对象,可以是一段文本或者是一个图像。当用户单击已经建立链接的文字或图像后,链接目标将显示在浏览器上,并且根据目标的类型打开或运行。

创建超链接的形式多种多样,方法也比较灵活,但通常要注意以下几点:

(1) 链接的层次不要太深,一般较合理的设置是 2~3 层,即导航链接→链接列表→链接内容,其中当链接项不多时,链接列表可以省略。

(2) 设计链接时,通常要考虑用户的快速返回或者在新窗口中浏览,在关闭该窗口后,可以迅速返回页首或主题页面。

(3) 页面链接不要过多,过多的链接可能会影响页面浏览,使文件过大而影响下载速度。如果需要较多的链接,可以采用下拉列表或动态菜单等方式间接实现。

2. 路径

从链接起点到链接目标之间的文件路径对于创建链接至关重要,在网站中有三种类型的路径:绝对路径、文档相对路径和根目录相对路径。

(1) 绝对路径

每个网页都有一个唯一地址,称做统一资源定位器(URL)。绝对路径提供所链接文档的完整 URL,其中包括所使用的协议,对于网页通常以 http://开头,例如 http://www.sjzu.edu.cn/user_Index.html。但是,如果目标文件被移动,则链接无效。

绝对路径包含精确地址,主要用于创建站外具有固定地址的链接,例如建立到中央电视台的链接时使用 http://www.cctv.com。对本地链接(即到同一站点内文档的链接)不建议采用这种方式,因为一旦将站点移动到其他域,则所有本地绝对路径链接都将断开。

(2) 文档相对路径

文档相对路径是指与当前文档所在的目录相对的路径。这种路径通常是最简单的路径,省略了当前文档和所链接的文档都相同的绝对路径部分,而只提供不同的路径部分。二者相对位置不同,表现形式不同,以图 3-34 所示的站点结构为例说明如下。

图 3-34 站点结构

- 若要从 Gallery.html 链接到 BxGallery.html(同在 Gallery 目录中),可使用相对路径 BxGallery.html。
- 若要从 Gallery.html 链接到 BxGmsGallery.html

（在 Gallery 子目录中），使用相对路径 Bx/BxGmsGallery.html。每出现一个斜杠"/"，表示在目录层次结构中向下移动一个级别。

- 若要从 Gallery.html 链接到 index.html（位于父目录中 Gallery 的上一级），使用相对路径 ../index.html。"../"可以在目录层次结构中向上移动一个级别。
- 若要从 Gallery.html 链接到 Information.html（位于父目录的不同子目录中），使用相对路径 ../ Information/Information.html。其中，"../"可以向上移至父目录，而 Information /向下移至 Information 子目录中。
- 如果成组地移动文件，例如移动整个目录时，该目录内所有文件保持彼此间的相对路径不变，此时不需要更新这些文件间的文档相对链接。对于大多数 Web 站点的本地链接来说，文档相对路径通常是最合适的路径。

（3）根目录相对路径

根目录相对的路径又称为服务器路径，是从当前站点的根目录开始的路径到文档的路径，站点上所有可公开的文件都存放在站点的根目录下。站点根目录相对路径以一个正斜杠开始，正斜杠表示站点根目录，例如/Gallery/Gallery.html 是文件 Gallery .html 的站点根目录相对路径，该文件位于站点根目录的 Gallery 子目录中。如果需要经常在 Web 站点的不同目录之间移动 HTML 文件，那么站点根目录相对路径通常是指定链接的最佳方法。

3.4.2　文本与图像超链接

如果按照链接对象的不同，网页中的链接又可以分为文本超链接、图像超链接、热点链接、E-mail 链接、锚点链接、文件下载链接和空链接等。本节以旅游网站中"旅游线路介绍"为例，介绍超链接的使用方法。

步骤1　新建文件并插入表格。进入站点 LiaoNing Travel，在 Tourism 目录内新建网页文件并命名为 Hxg_Bqz_Tourism.html。在网页内建立 3 行 1 列的表格，第 1 行内输入"旅游线路"等文字，第 2 行插入辽宁省城市分布图像文件和旅游节活动情况，第 3 行分别输入"沈阳_虹溪谷温泉_何家沟滑雪场自驾游"等文字和图像，形成图 3-35 所示的形式。

步骤2　新建链接目标文件。此时可以不对目标文件的内容进行设计。

由于单击超链接后要跳转到另一个页面，设置时需要链接目标文件名，因此一般应新建足够的文件，例如显示更多路线信息的网页文件 moreroute.html、各个旅游节活动的网页文件、介绍不同城市景点路线的网页文件等。

步骤3　文本超链接。在建立的网页上选择需要添加超链接的文本"＞＞更多"，此时"属性"面板成为文本属性面板，在"属性"面板上指定文字的链接目标。

在 Dreamweaver 中为文本添加超链接的方法有以下三种：

（1）直接在"链接"文本框中输入链接目标，如图 3-36 所示。

（2）单击"链接"文本框右侧的文件夹图标，从弹出的对话框中选择链接的目标文件。

（3）将"链接"文本框右侧的"指向文件"图标拖动至"文件"面板中要链接的对象上，然后松开鼠标键。

沈阳-虹溪谷温泉-何家沟滑雪场自驾游

虹溪谷温泉联系邮箱：hongxigu@163.com　　　资料下载　　　第一天　　　第二天

第一天

　　沈阳早餐后出发，走沈大高速公路，熊岳出口下高速，游览鲅鱼圈海滨、山海广场、月亮湖公园等。中午在鲅鱼圈城区内的春华海鲜城或者熊岳植物园东侧的忆江南生态园午餐。

　　午餐后驾车前往盖州市双台镇思拉堡温泉小镇的虹溪谷温泉。下午体验虹溪谷温泉。虹溪谷温泉假日酒店就是思拉堡小镇建设中东北最大的原生态与新理念相结合的白金五星度假酒店。酒店拥有36洞国际标准高尔夫球场，并首次把高尔夫运动与温泉养生完美地结合起来。酒店坐落于营口市盖州双台镇，与鲅鱼圈市区相距8千米，距沈阳市200千米、大连市170千米，中国十大港口营口港10千米。四通八达的交通网纵横贯南北，位于辽宁省城市群旅游圈中心地带的虹溪谷温泉假日酒店，必将成为您旅游、度假、休闲、娱乐的首选。

　　酒店依山傍水、群峰环绕、丛林掩映、风光秀丽；从山底向上望去，风格迥异的建筑错落有致，曲径相连，苍松翠柏，潺溪叮咚；山中有洞、树中有池、亭下有泉、水上有阁，令人目不暇接，流连忘返。酒店首期工程设有室内外温泉、室内游泳馆、大型户外水上乐园、特色SPA；豪华客房、贵宾房、香槐别墅等各类客房300间。是集温泉洗浴、住宿、绿色餐饮、生态旅游、商务会议、时尚体育、健康养生为一体的休闲度假酒店。

第二天

　　虹溪谷温泉假日酒店餐厅享用自助早餐后，驾车前往位于鲅鱼圈区红旗镇的何家沟滑雪场，体验滑雪的激情。

　　何家沟滑雪场位于营口何家沟旅游景区内，处于群山屏藏的天然沟谷地带，得天独厚的地理环境使它成为东北地区优秀的滑雪场之一，天然的沟谷环境使她形成"小气候"，冬季滑雪场气温与市区气温相差3～5度，天然降雪长时间保持不化，整个景区"银装素裹，分外妖娆"，尽显北国风光。

　　何家沟滑雪场是由加拿大著名雪场设计公司精心设计而成，总面积20万平方米，拥有高、中、初级滑雪道8条（已建成5条），雪场拥有两条缆车（一条双人缆车、一条四人缆车）一条魔毯、两条拖牵，具有较强的运载接待能力。现已开放雪道总长5000米，平均坡度45度，最大落差120米，最大坡度31度。滑雪道布局合理、紧凑，其中，两条滑雪道"出云"、"飞仙"，总长1800米，峰顶部分坡度为45度，达到国内高级滑雪道标准，犹如吉祥圣洁的哈达，自峰顶分别由两侧逶迤而下，在景画划出两条优美的弧线，令您有云中漫步般的舒适与惬意。

　　何家沟滑雪场餐厅午餐后返程。

返回页首

图 3-35　旅游线路网页

属性											
<> HTML	格式(F)	无		类	无		B I	≣ ≣ ≣ ≣	标题(T)	
⯗ CSS	ID(I)	无		链接(L)	moreroute.html		🜨 📁	目标(G)	blank	

图 3-36　文本的链接

此时,对应的"文档窗口"下"代码"视图中生成的代码如下:

```
<a href="moreroute.html" target="_blank">&gt; &gt;更多</a>
```

- <a> </a>:链接标志,标志对中的内容为链接的文本对象。
- href:链接的目标文件路径和文件名。
- target:显示目标网页的窗口。

本语句表示单击文本">>更多"将在空白窗口打开名为 moreroute. html 的网页。

设置结束后,在网页中被选择的文字颜色变为蓝色,且在文字底部出现一条下划线。此形式为默认设置,如果需要改变显示方式,详见第 5 章使用 CSS 方式设置。

步骤 4 其余文本超链接的设置。在浏览本网页时,如果单击图 3-37 所示的每项活动,都会跳转到相应活动的详细介绍网页,因此需要为各行文字设置文本超链接,即分别选择旅游节活动中的各行文字,重复上一步的方法,分别链接到各自的详细介绍网页文件。

图 3-37 文本的链接

步骤 5 图像超链接。选择旅游节活动的图标,在出现图像属性面板中仿照文本超链接的设置方法进行"链接"和"目标"的设置,可以完成图像的超链接。

此时自动生成的部分目标代码为:

```
<a href="travelfesterval.html" target="_blank"><img src=" travelfesterva.
gif" /></a>
```

提示:设置文本链接后,文本的样式在链接前后就会发生变化,图像与此不同,图像本身不会发生改变,只是在浏览网页时,当鼠标指针经过带链接的图像时,指针的形状变为"手"的形状,单击图像就会打开所链接的文档。

步骤 6 删除超链接。如果在建立过程中超链接设置错误,可以删除。删除超链接的方法是先用鼠标选定文本或图像对象,将鼠标定位于"属性"面板的"链接"文本框中,按 Backspace 键或 Delete 键,删除超链接的文件名,或选择菜单栏中的"修改"→"移除链接"命令,就可以删除超链接而保留原文本对象。

3.4.3 热点链接

热点链接就是指在一幅图像中定义若干个区域(这些区域称做热点或热区),每个区域中指定一个不同的超链接,当单击不同区域时可以跳转到相应的目标页面。

步骤 1 选择热点工具。选择网页中要进行热点链接的图像,打开其"属性"面板,在左下角依次有选择工具 ▣、矩形工具 ▢、圆形工具 ◯ 和多边形工具 ▽，单击"矩形工具"，选择图 3-38 所示的"沈阳"为进行超链接的热点区域，之后可按照设置图像链接的方式设置链接，如图 3-39 所示。

图 3-38　矩形热点

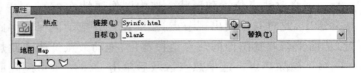

图 3-39　热点设置

此时生成的代码如下：

```
<map name="Map" id="Map">
        <area shape="rect" coords="167,59,205,82" href="Syinfo.html" target="_blank" />
</map>
```

三个热点工具的链接方法相同，区别仅在于单击时的区域形状不同，例如单击"矩形"热区按钮，此时将鼠标移至图像其光标将变为细十字光标，单击之后拖动鼠标就可画出一个淡蓝色热点区域，此时"属性"面板的内容也随之变化。

完成区域超链接自动生成的代码格式如下：

```
<img src="图像文件名" usemap="#图的名称">
    <map name="图的名称">
        <area shape=形状 coords=区域坐标列表 href="URL 资源地址">
        <!--可根据需要定义多少个热点区域-->
        <area shape=形状 coords=区域坐标列表 href="URL 资源地址">
    </map>
```

（1）shape：定义热区形状，其中的形状包括 rect（矩形），circle（圆形）和 poly（多边形）。

（2）coords：定义区域点的坐标点。对应不同的形状，坐标点含义如下：

- 矩形：使用 4 个数字，前两个数字为左上角坐标，后两个数字为右下角坐标。

例如：

```
<area shape=rect coords=100,50,200,75 href="URL">
```

- 圆形：使用三个数字，前两个数字为圆心的坐标，最后一个数字为半径长度。

例如：

```
<area shape=circle coords=85,155,30 href="URL">
```

- 任意图像（多边形）：将图像的每一个转折点坐标依序填入。

例如：

```
<area shape=poly coords=232,70,285,70,300,90,250,90,200,78 href="URL">
```

步骤 2 依次根据需要选择热点工具和不同位置的热点区域，如图 3-38 所示，对不同的城市进行链接设置。

步骤 3 修改与删除。若对所建的热点链接不满意，也可以任意修改或删除。

（1）修改热点位置和形状。选中图像属性面板 map 中的箭头，指向已建立的热点区域并选中，此时其四周出现节点，然后按住并拖动鼠标可将此热点图像移至图像的任意位置，从而重新调整图像的热点链接部位；拖动节点可改变此热点区域的大小。

（2）删除热点。选中热点区域后单击 Delete 键可删除所选的热点链接。

3.4.4 创建锚点超链接

当一个网页内容很长时，使用锚点可以将浏览器窗口显示范围定位于本网页内的其他位置，基本的方法是在该网页的开始部分以网页内容的小标题作为超链接。当用户单击网页开始部分的小标题时，网页将跳转到内容中的对应小标题上，免去用户翻阅网页寻找信息的麻烦。其实这是在网页中的小标题添加了锚点，再通过对锚点的链接来实现的。

锚点也称为书签，用来标记文档中的特定位置，使用它可以跳转到当前文档或其他文档中的标签位置。在网页中加入锚点包括两方面的工作：一是在网页中创建锚点，二是为锚点建立链接。

步骤 1 创建锚点。光标定位在要创建命名锚记的位置，"旅游线路"的前面，执行以下操作之一：

- 选择菜单栏中的"插入"→"命名锚记"命令。
- 选中"插入"面板中的"常用"→"命名锚记"按钮，如图 3-5 所示。

在弹出的"命名锚记"对话框（如图 3-40所示）中进行锚记名称的设置，在文档的相应位置出现一个代表锚点的图标。对应代码如下：

图 3-40　命名锚记

```
<a name="first" id="first">旅游线路</a>
```

在命名锚点时，必须遵循以下规定：

（1）只能使用字母和数字，锚点命名不支持中文。虽然在插入锚点对话框中能输入中文，但是在"属性"面板上显示的却是乱码，并且在为锚点添加链接的时候也无法正常工作。

（2）锚点名称的首字符最好是英文字母，一般不要以数字作为锚点名称的开头。

（3）锚点名称区别英文字母的大小写。

（4）锚点名称间不能含有空格，也不能含有特殊字符。

步骤 2 根据页面功能的需要，为"第一天行程"和"第二天行程"创建命名锚记，名称为 one、two。

步骤 3 链接锚点。选择网页最下部的文本"返回页首",然后按如下方法中的任意一种进行操作。

- 在"属性"面板上的"链接"文本框中输入符号♯和锚点名称 first。
- 选择文字或图像后,按住 Shift 键,然后拖动鼠标指向锚点。在"属性"面板上的"链接"文本框中将自动出现符号♯和该锚点的名称。
- 按住"属性"面板上的指向文件按钮,并拖动鼠标指向锚点,"属性"面板上的"链接"文本框中自动出现符号♯和该锚点的名称。

此操作对应代码如下:

```
<a href="#first">返回页首</a>
```

步骤 4 创建其他链接锚点。分别选择标题下面的"第一天"和"第二天"文本,按照步骤 3 的方法链接锚点。

3.4.5 创建电子邮件超链接

在网页中创建电子邮件链接,可方便用户意见反馈。Dreamweaver 提供电子邮件功能,当单击 E-mail 链接时,可以自动打开浏览器默认的 E-mail 处理程序,收件人的地址将会被 E-mail 超链接中的指定地址自动装入,无须用户输入邮箱。创建电子邮件链接步骤如下:

步骤 1 打开邮箱链接。在"文档窗口"中选择链接载体,例如选择"虹溪谷温泉联系邮箱"文本,如图 3-35 所示,执行下面的操作之一:

- 选择菜单栏中的"插入"→"电子邮件链接"命令。
- 单击"插入"面板的"常用"→"电子邮件链接"按钮。

步骤 2 设置邮件链接属性。在打开的"电子邮件链接"对话框中进行设置,如图 3-41 所示。

图 3-41 "电子邮件链接"对话框

- 文本:显示已选中的文本,如果没有选择文本,可在此直接输入作为链接的文本载体。
- 电子邮件:电子邮件地址。

此步骤操作对应代码如下:

```
<a href="mailto:hongxigu@ 163.com">虹溪谷温泉联系邮箱</a>
```

当用户浏览网页时,链接"虹溪谷温泉联系邮箱"会自动进入 Outlook Express 邮箱发送邮件,如图 3-42 所示。

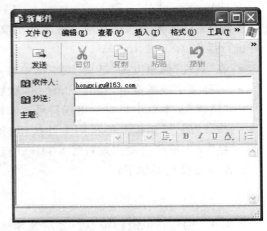

3.4.6 创建下载文件超链接

实现文件下载的功能很简单,只需加入链接到文件的超链接,但事先需要准备下载的源文件。

步骤 1 准备源文件。编辑 Word 文档,文档名称为"自助游攻略.doc"。

步骤 2 文件下载设置。选择页面中下载的载体,如图 3-35 所示的"资料下

图 3-42 邮件的链接

载",在"属性"面板中设置链接,其链接的目标为上一步中形成的 Word 文档,对应代码如下:

```
<a href="download/自助游攻略.doc">资料下载</a>
```

当浏览网页文件时,如果单击文本"资料下载"将弹出下面的提示页面,如图 3-43 所示。

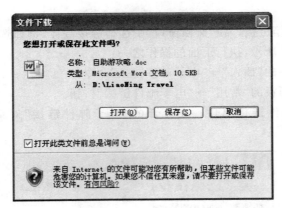

图 3-43 文件下载

3.4.7 创建空链接

空链接是一个未指定目标的链接,创建链接时通常要给出链接的目标,如果在设置链接时并没有确定目标文件名,此时可以创建空链接。

为文本建立空链接时,只要先在"文档窗口"选定文本,然后在"属性"面板中的"链接"栏中输入一个字符 #。

3.5 任务5 使用多媒体对象进一步丰富页面

目的

了解常用多媒体的种类和特点,掌握在网页中插入声音、Flash 对象和 Shockwave 影片的方法。

要点

在 Dreamweaver CS5 中可以插入并编辑 SWF、FLV、Shockwave、插件等多媒体元素,多媒体元素的运用丰富了网页的内容。

多媒体网页制作主要是在网页中使用各种多媒体对象,包括声音和视频、Flash 动画和 Shockwave 电影等。通过这些对象为用户提供在网上听音乐和观看视频的功能,使网页具有更丰富的感官效果。

3.5.1 插入音频文件

在浏览音乐网站时经常看到一些网站上提供音频播放器,可以在线欣赏音乐。不同浏览器对于声音文件的处理方法不同,彼此之间很可能不兼容,添加声音之前需要考虑文件的格式、大小、声音品质和浏览器差别等。网页中常见的声音格式有 WAV、MP3、MIDI、AIF 和 RA 等。很多浏览器不需要插件也可以支持 MIDI、WAV 和 AIF 格式的文件,而 RM 和 MP3 是压缩格式的声音文件,并且音质较好,但是需要专门插件支持浏览器才能播放。

在网页中添加声音有两种方式:一是通过插入插件的方式在网页中嵌入音乐文件。嵌入音乐文件后,在浏览网页时,页面中将会出现一个播放控件,通过该控件可以控制音乐的播放。二是以添加背景音乐的形式,在加载页面时自动播放音频。

1. 插入音频

步骤 1 设置播放器位置。打开网页,将鼠标放在设置播放器的位置,一般不需要明显地看到播放器图标,所以通常位于网页中的“角落”中。

步骤 2 打开插件并设置音频文件。使用如下两种方法之一,选择“插件”命令,并在站点内选择需要播放的音频文件,网页中会出现音频文件图标 ![]。

- 在菜单栏中选择“插入”→“媒体”→“插件”命令,如图 3-44 所示。

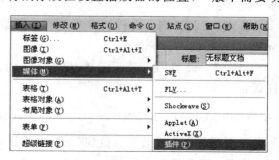

图 3-44 插件功能的选择

• 在"插入"面板上单击"常用"→"媒体"→"插件"按钮。

步骤3 设置播放器的属性。选中音频文件图标,在"属性"面板中可以对播放器的属性进行设置,如图 3-45 所示。

图 3-45　插件的属性

步骤4 循环播放音乐。单击"属性"面板中的"参数"按钮,然后选择➕按钮,在"参数"列中输入 loop,并在"值"列中输入 true 后,单击"确定"按钮。

步骤5 自动播放。继续编辑参数,在"参数"对话框的"参数"列中输入 autostart,并在"值"列中输入 true,单击"确定"按钮,如图 3-46 所示。

在"设计"视图中对应代码部分将生成如下代码:

图 3-46　设置音频参数

```
<embed src="凤凰传奇 -荷塘月色.mp3"
width=" 32" height =" 32" loop =
"true" autostart="true"></embed>
```

其中,<embed>标记可以用来插入多媒体,格式为 midi, aiff, au, mp3 等等,width="32" height="32"为播放器图标的宽度和高度。

2. 添加背景音乐

背景音乐,顾名思义,就是在加载页面时自动播放预先设置的音频,可以预先设定播放一次或重复播放等属性。在页面中可以嵌入背景音乐,这种音乐多以 MP3、MIDI 文件为主。

在 HTML 语言中,通过<bgsound>标签可以嵌入多种格式的音乐文件,具体操作步骤如下:

步骤1 打开网页文件。打开要添加背景音乐的网页,切换到 Dreamweaver 的"拆分"视图准备插入背景音乐。

步骤2 设置背景音乐。将鼠标定位到</body>标签之前的位置,输入如下代码:

```
<bgsound src=挪威森林.mid loop="true">
```

在浏览器中查看效果,可以听见循环播放的背景音乐声。

提示:网页背景音乐文件一般不要太大,否则会影响下载速度。在格式方面,最好选择.mid格式,这种格式不仅拥有良好的音质,而且容量非常小。

3.5.2　插入 Flash 动画

Flash 动画中的元素都是矢量的,可以随意放大,不会降低画面质量。此外,Flash 动画文件较小,适合在网络上使用。Flash 动画的扩展名为.swf。在 Dreamweaver 中插入 Flash 动画的具体操作步骤如下:

步骤 1　打开网页文件。打开网页,将鼠标定位于显示播放器的位置,使用如下两种方法之一进入 SWF 命令:

- 在菜单栏中选择"插入"→"媒体"→SWF 命令。
- 在"插入"面板上选择"常用"→"媒体"→SWF 按钮。

步骤 2　插入动画文件。弹出"选择文件"对话框,选择站点目录中的 trip.swf 文件。单击"确定"按钮后,插入的 Flash 动画并不会在"文档窗口"中显示内容,而是以一个带有 ![F] 图标的灰色框来表示。

步骤 3　设置动画属性。在"文档窗口"单击 ![F] 图标后,在"属性"面板中设置图 3-47 所示的属性。

图 3-47　SWF 属性

- Flash:影片的名称。
- 宽、高:以像素为单位指定影片的宽度和高度。
- 文件:指定指向 Flash 或 Shockwave 文件的路径。
- 编辑:可以启动 Macromedia Flash CS5 以更新动画文件。
- 垂直边距、水平边距:指定空白的像素值。
- 比例:根据"宽"和"高"文本框中设置的尺寸确定影片的比例。
- 参数:打开一个对话框,可在其中输入传递给影片的附加参数。
- 循环:选中该复选框时影片将连续播放,否则影片在播放一次后自动停止。
- 自动播放:选中该复选框后,Flash 文件在页面加载时自动播放。
- 品质:选择 Flash 影片的画质,"高品质"表示以最佳状态显示。
- 对齐:设置 Flash 动画的对齐方式。

为了使页面的背景在 Flash 下能够衬托出来,可以使 Flash 的背景变为透明。单击"属性"面板中的"参数"按钮,打开"参数"对话框,设置参数为 wmode,值为 transparent。这样在任何背景下,Flash 动画都能实现透明背景的显示。

3.5.3 插入 Flash 视频

Flash 视频是一种新的流媒体视频格式,其文件扩展名为.flv。Flash 视频文件极小、加载速度极快,有效地解决了网页导入 Flash 后,SWF 文件体积庞大,不能在网络上很好的使用等缺点。网站的用户只要能看 Flash 动画,就能看 flv 格式视频,而无须再额外安装其他视频插件,使得网络观看视频文件成为可能。

目前,国内外网站绝大多数都使用了 flv 格式作为视频播放载体。在 Dreamweaver CS5 中插入 Flash 视频的具体操作步骤如下:

步骤 1 插入 FLV。打开 BxGmsInfo.html 网页,将光标放置在显示播放器的位置——日期之后,使用如下两种方法之一进入 FLV 命令:

- 在菜单栏中选择"插入"→"媒体"→FLV 命令。
- 在"插入"面板上选择"常用"→"媒体"→FLV 按钮。

步骤 2 设置 FLV 属性。在弹出的"插入 FLV"对话框中进行属性设置,如图 3-48 所示。

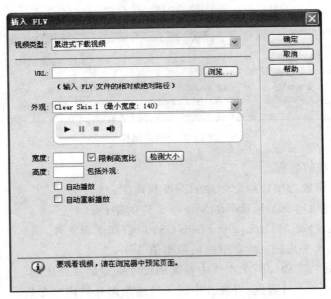

图 3-48 "插入 FLV"对话框

视频类型包含如下两种形式。

- 累进式下载视频:将 FLV 文件下载到站点用户的硬盘上,然后播放。但是,与传统的"下载并播放"视频传送方法不同,累进式下载允许在下载完成之前就开始播放视频文件。
- 流视频:对视频内容进行流式处理,并在一段可确保流畅播放的很短的缓冲时间后在网页上播放该内容。若要在网页上启用流视频必须具有访问 Adobe Flash Media Server 的权限。必须有一个经过编码的 FLV 文件,然后才能在

Dreamweaver 中使用它。

- URL：指定 FLV 文件的相对路径或绝对路径。
- 外观：指定视频组件的外观。所选外观的预览会显示在"外观"弹出菜单的下方。
- 宽度、高度：以像素为单位指定 FLV 文件的宽度、高度。若要让 Dreamweaver 确定 FLV 文件的准确宽度，需要单击"检测大小"按钮。如果 Dreamweaver 无法确定宽度，必须输入宽度值。
- 限制高宽比：保持视频组件的宽度和高度之间的比例不变。默认情况下会选择此复选框。
- 自动播放：指定在页面打开时是否播放视频。
- 自动重新播放：指定播放控件在视频播放完之后是否返回起始位置。

3.6 思考与练习

(1) 常用的文本输入的方法有哪几种？

(2) 说出几种常用的标签，能完成下述功能：

① 文本颜色的设置。

② 对齐方式。

③ 字体和字体大小。

(3) 图像的标签是什么？说出几种常用图像标签的属性。

(4) 什么是图像占位符？它有什么作用？

(5) 用代码的方式设计下列表格，其中边框、填充距和间距均为 1px。

(6) 什么是路径？有几种不同的路径？各是什么？

(7) 什么是超链接？有哪几种常用的超链接？对应的 HTML 标签是什么？

(8) 什么是锚点链接？如何创建锚点链接？

(9) 什么是空链接？空链接有什么作用？

(10) 试述几个常用的声音文件格式，并说明它们的差别。

(11) 上机实践题：图 3-49 为"辽宁风景旅游"网站中的页面局部，分别设计网页，依次完成图 3-49 中不同部分的功能。

① 利用表格完成图中部的页面导航功能，并建立相应文件的空链接。

② 建立网页，实现"热门景点"栏目的设计，要求使用无序列表方式。

③ 建立网页，实现"旅游资讯"中图像的插入，并完成图像的超链接。

图 3-49 "辽宁风景旅游"网站中的页面(局部)

第 4 章

网 页 布 局

在学习过网页元素的基本使用方法之后,本章将学习对网页元素进行组织规划,研究网页内容的布局方法,并以"辽宁风景旅游"网站的部分网页设计为目标,了解多种布局方法,掌握常用的布局版式。

4.1　网页布局规划

目的

了解网页布局的概念与意义,了解常用的设计布局方法,掌握页面布局中的各个区域功能,掌握手绘布局法与使用 Dreamweaver 工具布局法。

要点

网页布局的各个区域功能各不相同,应该注意区分和充分利用。

网页布局是网页设计中一个重要的部分,合理的安排布局可以将网页的内容更加直观有效地呈现给用户,让用户用较少的时间了解网页内容的整体结构。随着网络技术的迅速发展,单纯的注重内容的网页已经不会受到用户的欢迎,只有将网页内容与网页布局有效地结合起来,才能吸引用户的视线。

4.1.1　网页布局概述

网页内容是网页的核心部分,而网页的布局是对网页内容的组织形式,如果没有合理的网页布局,再好的网页内容也不会给用户留下深刻的印象。网页布局就是要根据展示页面的大小对网页页面进行规划和造型,将网页内容组织和分散到网页中的过程。合理的网页布局可以让用户快速扫视网页的内容,用较短的时间了解网页的主要内容。

1. 网页布局的基本概念

1) 页面尺寸

页面尺寸就是计算机用户可以看到的网页内容区域,网页尺寸与显示器尺寸及分辨率有直接的关系,显示器分辨率越高,网页可以展示的区域越大。此外,在浏览网页时,浏览器的菜单与工具栏等也不可避免地占用一定的空间,减少了用户的可视范围。常见的显示器所能展示的网页大小如下:分辨率在 1024px×768px 的情况下,页面的显示尺寸为 1000px×600px 左右;分辨率在 1280px×1204px 的情况下,页面的显示尺寸为 1250px×1030px 左右。网页中可以用来展示网页内容的部分如图 4-1 所示。

图 4-1　网页中的可展示区域

2) 整体造型

造型是指利用形状等对网页页面形象进行装饰,这种形象应该具有一个整体风格,例如图形与图形之间应该有拼接规则,图形与文本的接合应该是层叠有序。虽然显示器和浏览器都是矩形,但对于页面的造型却可以充分运用各种形状或者多种形状的组合。例如矩形、圆形、三角形、菱形和曲线等,如图 4-2 所示,图 4-2(a)所示网页与图 4-2(b)所示网页充分地利用了矩形和椭圆。

(a) 利用矩形造型　　　　　　　　　　　　(b) 利用椭圆造型

图 4-2　应用图形造型的网页

不同的形状所代表的意义是不同的,例如矩形代表着正式和规则,很多网络内容服务商和政府网页都是以矩形为整体造型;圆形代表着柔和、团结、温暖和安全等,许多时尚站点喜欢以圆形为页面整体造型;三角形代表着力量、权威、牢固和侵略等,许多大型的商业站点为显示它的权威性,常以三角形为页面整体造型;菱形代表着平衡、协调和公平,一些交友站点常运用菱形作为页面整体造型。虽然不同形状代表着不同含义,但目前的网页制作多数是多种图形结合并加以设计,其中某种图形的构成比例可能占得相对较多。

3)页面结构

页面结构即网页内容的组织规划,是创建页面的重要内容之一。合理的网站结构有助于提高搜索引擎的搜索效果,同时可以提高用户的浏览兴趣。从页面结构的角度上看,网页的构成要素主要有导航、栏目和内容三大版块。网页结构的创建、网页内容的布局与规划其实都是围绕这几个版块而展开的。

2. 网页布局结构的基本组成

通常页面的布局结构可以根据功能分成以下几个区域:页眉、页脚、导航和正文等,不同的页面布局具有不同的区域安放排列形式。一个简单的网页布局结构如图 4-3 所示,各个区域所起到的作用基本上是固定的。

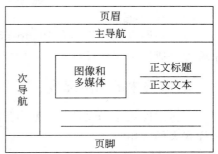

图 4-3　常见的页面布局结构

1)页眉

页眉也称做"页头",处于页面的上方,页眉的作用是定义页面的主题,体现了一个网站的整体风貌。例如多数情况下,网站的名字都显示在页眉里,这样用户能很快知道这个网站的内容。另外,页眉中还可以附加网站的商标或图标等。

页眉是整个页面设计的关键,它关系到后续的更多设计和整个页面的协调性。页眉可以使用图像或动态 Flash 图像等进行设计。

2)主导航

主导航一般位于网页页眉顶部,或者页眉下部。主导航一般使用栏目标题来充当,引导用户访问不同栏目内容。

3)次导航

次导航一般位于网页的两侧,链接经常使用的网页或者热点新闻等,用户可以不经主导航而直接进入其他网页。

4)正文内容区

正文在页面中出现,多数以行或者段落出现,其摆放位置决定着整个页面布局的可视性。正文是网页的核心内容,其内容可以包括正文标题、数据表格、文本、图像和动画等。

5)页脚

页脚和页头相呼应,放置在页面的底端,一般在页脚中显示网站开发者的制作信息、联系方式和版权等,也可以将相关网站的超链接放置在页脚中。

4.1.2　布局的方法与原则

1. 布局设计工具

1)手绘布局

最简单的方法是用笔在纸上进行手工绘制布局设计,用方框代表页面的结构,用线条

划分页面区域,配合简单的文字说明在框中写下布局内容,构成布局草图。这种方法适合

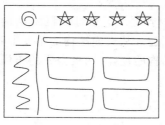

初次进行布局设计,现场讨论,方便交流意见,草图效果不必十分规整,只要达到基本布局即可,如图 4-4 所示。

2）软件辅助

采用软件也可以很方便地绘制网页布局结构,例如常见的软件工具 Microsoft Office 中的 Word,其中"自选图形"工具包含了大量图形,可以用其来设计简单网页布局,图形规格可以调整,文字可以修改,这种方法适合在布局设计中期使用。

图 4-4　手绘的网页布局草图

3）专业工具

专业的网页设计工具有 Photoshop、Dreamweaver 和 Frontpage 等,这些工具可以较精确地完成网页布局设计,实现网页样图,这种方法适合在布局设计后期预览网页效果。

2．布局中的网页元素

在实现网页布局设计的时候,可以使用的布局元素有 3 种:表格布局、框架布局和层叠样式表的应用。

1）表格布局

表格布局是最常用的网页布局形式,大多数网页都使用了表格布局。表格布局的优势在于设计简单,容易实现,方便调整,能对不同对象加以处理,而又不用考虑不同对象之间的影响,而且表格在对图像和文本定位应用上比用 CSS(层叠样式表)更加方便。表格布局唯一的缺点是当用了过多表格时影响网页下载速度。

2）框架布局

框架可以划分浏览器区域,使得多个网页页面能够显示在同一个浏览器窗口中,不同的框架可以装载不同的页面,这是其他布局方式所不能实现的功能。在设计框架布局时需要考虑其兼容性,并不是所有的浏览器都支持框架布局。

3）层叠样式表的应用

在 HTML 4.0 标准中提出了 CSS 设计方法,它能精确地定位文本和图像,实现网页的布局。在此之前,很多无法实现的布局想法利用 CSS 都能实现,很多网站设计都采用层叠样式表与 DIV 结合来体现其布局的优势。

3．网页布局原则

网页的布局设计是一个向用户推荐和展示网页设计者的手段。作为网页设计人员,网页布局设计思想应该遵守以下原则:

1）简单的就是最好的

网页的目的是向用户展示信息,以用户的角度看待网页结构,网页应以内容为主,结构特征及网页元素为辅,用户不会太注意网上过多的装饰图像和 Flash。初学网页设计,可能会很注重网页的动态效果,设计大量的动态图像、闪烁的文字等,这样的网页会扰乱用户的视线,所以有时静止的页面更能吸引用户的注意力。

2）注意顺序

对于用户来说，良好的网页结构就像一篇文章，浏览顺序应该是从上到下，从左到右，如图 4-5 所示，网页的布局应该遵守这样的习惯。

3）整齐的区块划分

网页上的内容过多时，比较好的解决方法就是对相似内容进行归类放置，对于图像类、文本类和超链接类等都可以按照区块划分，有时可以为不同的区块修饰不同的颜色，以去除区块的呆板和单调。用表格等对区块内容进行对齐，方便用户进行快速浏览，可以免去用户对网页内容关系的思考时间，所以有时没有太多修饰，整齐也是一种布局风格。

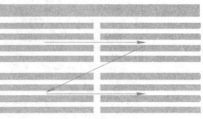

图 4-5　网页阅读顺序

4）适当的松弛度和留白

网页上不应该过密地排列文字和图像，适当加大区块间的空隙和文字的行间距，可以让用户有视觉上放松的感觉，必要时可以在网页上设计留白区域，调节网页的结构。

5）尽量在一屏之内展示信息

避免使用滚动条等，在网页设计过程中，向下拖动页面是唯一给网页增加更多内容的方法。如果能确定站点的内容可以吸引用户拖动页面，否则拖动页面不要超过三屏。如果需要在同一页面显示超过三屏的内容，那么最好能在网页首部做页面内部链接，方便用户浏览。

图 4-6 中列出两种常见的有特色的网页布局结构。

(a)　"匡"字形网页布局

图 4-6　网页布局结构

(b) "川"字形网页布局

图 4-6　网页布局结构

4.2　表　格　布　局

目的

掌握使用表格对网页进行布局设计,能根据内容划分出功能区域,掌握使用嵌套表格方式对网页详细内容的添加。

要点

(1) 布局表格可以将各种网页元素隔离开来,方便地做到图文并茂。

(2) 嵌套表格可以将网页内容从布局中划分出来,实现按区域内容设计,方便网页的拆分设计与实现。

在用表格布局制作网页的时候,除了页面元素极少的情况外,只用一个表格就能把整张网页表现出来几乎是不可能的。所以在表格中再嵌入表格来表现局部内容是多数网页选择的布局方法,也就形成了嵌套表格的布局方法。

4.2.1　布局表格概述

表格的基本功能是显示数据,但是由于表格中的单元格合并与拆分操作容易,可以有效地组织内容的划分,因此表格常被应用于网页布局。表格的边框宽度可以设置为 0,可以使表格能隐式地出现在网页中,这个特点使表格在网页布局中得到广泛的应用。

表格所对应的 HTML 标签对是＜table＞＜/table＞,如果浏览器发现页面中有一个标签＜table＞,在接收到对应的结束标签＜/table＞之前不会显示这个表格。因此,如果整个页面都放入一个大表格中,在浏览器下载这个大表格的结束标签之前整个页面都不会显示。当显示内容非常多的页面时,表格的延迟显示会导致整个页面显示的停顿。而且网页的排版比较复杂,如果只使用一个表格,既用来控制总体布局,也用来实现内部排版的细节,则容易引起行高、列宽等的冲突,给表格的制作带来困难。

为了避免出现这种情况,常使用嵌套表格的形式进行网页布局,所谓嵌套表格就是表格之中还有表格。引入嵌套表格,由总表格负责整体排版,由嵌套的表格完成各个子栏目的排版,并插入到总表格的相应位置中,互不冲突,因此每个表格的 HTML 代码下载之后浏览器就可以立即显示它。对于用户来说,页面将在屏幕上一部分一部分地逐渐显示出来。而且更重要的是,这种页面在屏幕上开始显示的速度要比前面等待整个页面下载才显示的方法快得多。

另外,通过嵌套表格,利用表格的背景图像、边框、单元格间距和单元格边距等属性可以得到漂亮的边框效果,制作出精美的网页。

4.2.2 任务 1 建立"旅游景点"布局表格

"辽宁风景旅游"网站中的"旅游景点"网页可以用表格来完成网页结构布局,分析网页内容,划分出网页的内容区域按照图 4-7 所示的结构进行嵌套表格的设计。

目前,计算机用户使用的显示器多数为较大尺寸规格,为了能展示更多的内容,设计网页宽度为1000px,具体步骤如下:

步骤 1 新建网页文件。打开 Dreamweaver CS5,在菜单栏中选择"文件"→"新建"命令,在出现的"新建窗口"中选择"空白页"→HTML,将网页文件命名为Tourism. html,并保存在站点下的 Tourism 文件夹中。

图 4-7 "旅游景点"的网页结构

步骤 2 创建表格。在菜单栏中选择"插入"→"表格"命令,在弹出的"表格"窗口中设置表格的属性,建立一个 4 行 1 列的表格,如图 4-8 所示。在表格的每一行中规划相应的内容区域:第 1 行是页眉;第 2 行是主导航;第 3 行分裂成两列,左边是次导航,右侧是正文;第 4 行为页脚。

步骤 3 表格列拆分。对表格进行进一步的结构调整,使其符合网页结构的需要,对表格中的第 3 行进行拆分设置。在弹出的"拆分单元格"对话框中选择"列"单选按钮,并设置列数为 2,单击"确定"按钮后,完成列拆分设置。

步骤 4 表格行拆分。在第 3 行的右边单元格进行分行设置,将原来的一行拆分成两行,上边的一行用来显示正文标题,下边的一行用来显示正文。经过分列和分行的调整后,原来 4 行的表格调整后的效果如图 4-9 所示,此时网页的基本结构已经完成,可以进行网页内容插入。

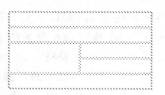

图 4-8　4 行 1 列的表格　　　　　　　　　图 4-9　目标网页布局结构

步骤 5　插入页眉。选择图像插入到表格第 1 行作为页眉,设置图像的宽度是 1000px,如图 4-10 所示。

图 4-10　在网页结构表格中插入页眉图像

步骤 6　插入主导航嵌套表格。在第 2 行插入 1 行 8 列的表格,"表格宽度"为 100％,"边框"为 0px,"单元格边距"为 1px,"单元格间距"为 1px,选择"无标题"。设计好的表格如图 4-11 所示。

图 4-11　在网页的主导航单元格内嵌入表格

步骤 7　在表格中的各个单元格逐次录入 8 个主题,14 号字体,每个单元格的内容设置为居中,完成后的结果如图 4-12 所示。

图 4-12　表格形式的主导航

下面是导航的主要 HTML 代码：

```
<table width="100%" height="30" border="0" cellspacing="1" cellpadding="1">
    <tr>
        <td bgcolor="#FFFFFF" ><A href="Index.html" >首  页</A></td>
        <td bgcolor="#FFFFFF" ><A href="Attractions.html" >旅游景点</A></td>
        <td bgcolor="#FFFFFF" ><A href="Gallery.html" >风光图库</A></td>
        <td bgcolor="#FFFFFF" ><A href="Information.html" >旅游资讯</A></td>
        <td bgcolor="#FFFFFF" ><A href="Tourism.html" >旅游线路</A></td>
        <td bgcolor="#FFFFFF" ><A href="Customs.html" >风土人情</A></td>
        <td bgcolor="#FFFFFF" ><A href="questions.html" >常见问题</A></td>
        <td bgcolor="#FFFFFF" ><A href="" >联系我们</A></td>
    </tr>
</table>
```

步骤 8 建立次导航表格。在网页结构表格的第 3 行左侧单元插入一个 8 行 1 列的表格，"表格宽度"为 270px，"边框"为 1px，"单元格边距"为 4px，"单元格间距"为 4px，选择"无标题"，完成表格效果如图 4-13 所示。

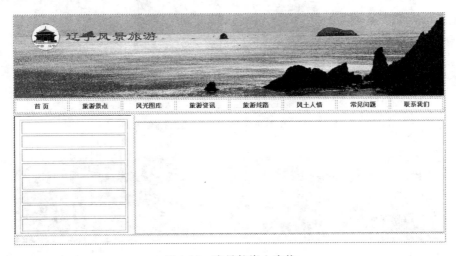

图 4-13　次导航嵌入表格

步骤 9 编辑次导航表格。在插入次导航表格后，在表格内填写文字作为次导航的内容。设置次导航第 1 行标题，选择第 1 行单元格，在"属性"中的"水平"中选择"居中对齐"，其他行为"左对齐"，字号为 12 号，宋体。完成后的效果如图 4-14 所示。

步骤 10 填写标题。在第 3 行的右侧上方插入正文标题"旅游景点"，并设置标题为居中，在右侧下方插入正文嵌套表格。

步骤 11 插入正文表格。在第 3 章的 3.3 节中已经设计完成的表格如图 4-15 所示，将此表格插入正文区域单元格内。完成后的网页效果如图 4-16 所示。

步骤 12 插入页脚表格。在布局表格中第 4 行插入一个 3 行 1 列的表格，"表格宽度"为 990px，"边框"为 1px，"单元格边距"为 0px，"单元格间距"为 0px，选择"无标题"，

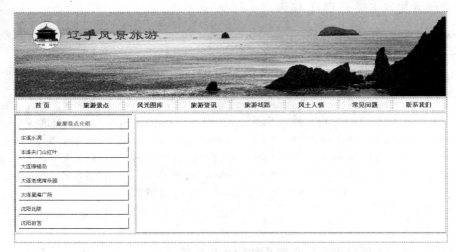

图 4-14　在网页结构表格中插入次导航嵌套表格

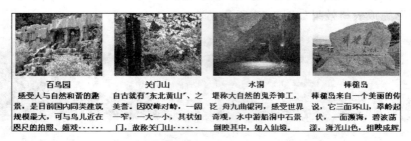

图 4-15　在网页结构中插入正文嵌套表格

图 4-16　在网页结构中插入正文嵌套表格

完成表格如图 4-17 所示。网页设计的页脚包含一个"友情链接"标题和 6 个友情链接的图像,以及版权说明等。

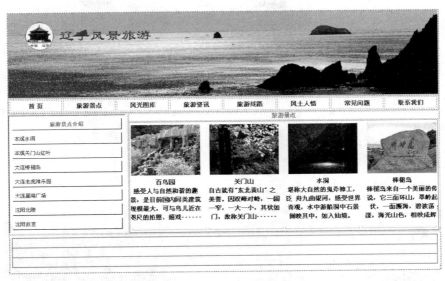

图 4-17　页脚表格

步骤 13　填入标题。在第 1 行录入"友情链接",对单元格内容进行居中设置,设置字号为 12px,宋体。

步骤 14　插入图像。在第 2 行插入 6 幅图像,每幅图像的宽为 175px,高为 76px,设置每张图像的"边框"为 1px。

步骤 15　填写版权信息。在第 3 行录入"Copyright©2011 沈阳建筑大学 信息学院网站开发技术团队 All Rights Reserved.",对单元格内容进行居中设置,字号为 12px,宋体。完成后的页脚如图 4-18 所示。

图 4-18　完成后的页脚

在页脚部分的代码如下所示:

```
<table width="1000" border="1" cellspacing="0" cellpadding="1">
    <tr>
        <td class="x">友情链接</td>
    </tr>
    <tr>
        <td><span class="z">
            <img src="东北新闻网.jpg" alt="" width="150" height="76" border
            ="1" />
            <img src="旅游局.jpg" alt="" width="150" height="76" border="1" />
            <img src="沈阳旅游网.jpg" alt="" width="150" height="76" border
            ="1" />
```

```
            <img src="大连旅游.jpg" alt="" width="150" height="76" border="1" />
            <img src="酷讯.jpg" alt="" width="150" height="76" border="1" />
            <img src="旅游联盟.jpg" alt="" width="150" height="76" border=
"1" /></span></td>
      </tr>
      <tr>
          <td class="x">Copyright ©2011 <a href="http://www.xxx.cn/">沈阳建筑
大学 信息学院 网站开发技术团队</a>All Rights Reserved.</td>
      </tr>
</table>
```

完成整个网页的内容设计，如图 4-19 所示。

图 4-19　完整的表格布局网页

提示：进行网页的布局设计时，在空的网页布局表格中可以将其他网页中已经完成的内容复制到空的网页布局表格中，这样可以方便地完成网页内容的设计，也可以让多个开发者共同完成一个网页的设计。

4.3　框架布局

目的

了解框架与框架集的关系，掌握编辑框架的方法，实现框架布局，能通过框架属性的设置为框架添加网页文件，了解 iframe 的作用，会在网页中嵌入引用 iframe。

要点

(1)框架可以通过像素值或者按照百分比进行调整。

(2)框架与框架集的保存,注意保存框架的文档的命名与保存提示。

(3)在不支持框架的浏览器中处理框架网页内容。

框架可以将网页分成几块,每块都有不同的网页内容,部分网页内容可以保持不变,而其他内容可以不断更新。刷新页面时不需要重新下载整个页面,只需要下载页面中的一个框架页,减少了数据的传输,增加了网页下载速度。框架结构适合网页的模块式开发。

4.3.1 框架概述

框架是网页设计最常见的布局方式。使用框架结构可以把一个页面分割成较小的几个区域,并且可以在每个区域中分别放置不同的网页。框架之间的网页可以相互联系,因此,触发一个框架中的事件可以改变另一个框架中的内容和行为。基本框架的种类有 15 种,如图 4-20 所示。

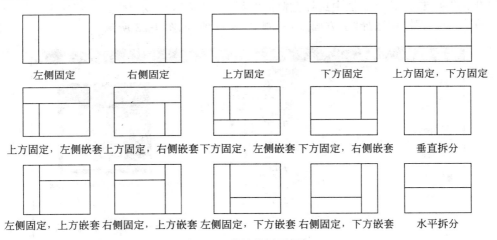

图 4-20   常见的网页框架

以上的各个图中就是利用框架布局把浏览器窗口划分为若干个区域,每个区域就是一个框架,在其中可以显示一个独立的网页,每个网页需要单独保存。同时,还需要一个网页文件记录框架的数量、布局情况、链接和属性等信息,这个文件就是框架集(Frameset)。

框架集与框架之间的关系就是包含与被包含的关系,如图 4-21 所示。一个框架集中包含了三个框架,每个框架会形成一个网页文件,图 4-21 中的框架就需要有 4 个网页文件来保存。

使用框架布局的页面中有三个基本的框架标

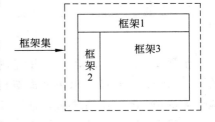

图 4-21   框架与框架集

签：<frameset>、<frame>和<noframe>。主页面中没有使用<body>标签,而是使用<frameset>标签。<frameset>标签出现在<head>标签后面,用于定义将一个窗口划分为多个框架。

每一个<frameset>标签可以定义一组行或者一组列,用来控制浏览器窗口中框架的布局。每一组<frameset>标签中既包括<frame>标签指定框架,也包括<noframe>标签指出替换显示方案。<frameset>标签处理所有的分割工作,并且还需要一个结束标签</frameset>。在一个 HTML 文件中可以包含任意多个<frameset>标签。

4.3.2 框架的创建与编辑

在 Dreamweaver CS5 中,框架有两种创建方法:通过新建文档创建和通过菜单创建。

1. 创建框架集

1) 通过新建文档创建框架集

步骤 1 创建框架。运行 Dreamweaver CS5,选择菜单栏中的"文件"→"新建"命令,在弹出的"新建文档"对话框中选择左侧的"示例中的页",在"示例文件夹"框中选择"框架集",在"示例页"框中选择"上方固定,左侧嵌套"选项,如图 4-22 所示。

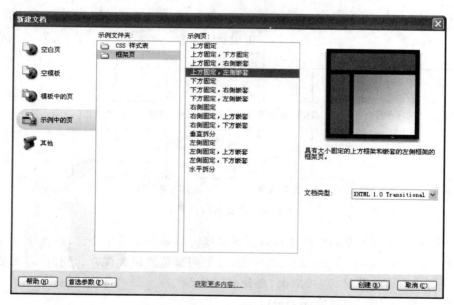

图 4-22 用"新建文档"创建框架集

步骤 2 为框架命名。单击"创建"按钮,弹出"框架标签辅助功能属性"对话框,如图 4-23 所示,在此可为每一个框架指定一个标题,系统默认的每个框架标题为:上方的框架为 topFrame,左侧的框架为 leftFrame,右侧的框架为 mainFrame。

步骤 3 生成框架。单击"确定"按钮,即可创建一个"上方固定,左侧嵌套"的框架集,如图 4-24 所示。

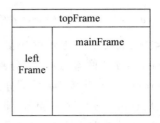

图 4-23 "框架标签辅助功能属性"对话框　　　图 4-24 "上方固定,左侧嵌套"的框架集

2) 通过菜单创建框架集

在菜单栏中选择"插入"→HTML→"框架"命令同样可以插入框架,选择"上方及左侧嵌套",如图 4-25 所示。

图 4-25 从菜单中选择插入框架

同样,在创建过程中每个框架都需要进行标题命名,命名方式和创建的结果都与"新建文档创建框架集"的过程是一样的。创建后的框架代码如下:

```
<frameset rows="80,*" cols="*" frameborder="no" border="0" framespacing="0">
    <frame src="file:///d|/liaoning travel/UntitledFrame-2" name="topFrame"
    scrolling="No" noresize="noresize" id="topFrame" title="topFrame" />
    <frameset cols="80,*" frameborder="no" border="0" framespacing="0">
        <frame src="file:///d|/liaoning travel/UntitledFrame-3"
    name="leftFrame" scrolling="No" noresize="noresize" id="leftFrame"
    title="leftFrame" />
```

```
            <frame src="file:///d|/liaoning travel/Untitled-1" name="mainFrame"
            id="mainFrame" title="mainFrame" />
        </frameset>
    </frameset>
</frameset>
<noframes><body></body></noframes>
```

- ＜frameset＞：表示框架集，其中属性含义如下：
    - cols：用"像素"或"%"分割左右窗口，"＊"表示剩余部分。
    - rows：用"像素"或"%"分割上下窗口，"＊"表示剩余部分。
    - border：设置边框粗细，默认是 5 像素。
    - frameborder：指定是否显示边框，0 代表不显示边框，1 代表显示边框。
    - framespacing：表示框架与框架间保留空白的距离。
- ＜frame＞：表示框架，其中属性含义如下：
    - src：为框架指定了一个 html 文件。
    - noresize：设定框架不能够调节，只要设定了前面的框架，后面的将继承。
    - scrolling：指示是否要滚动条，auto 根据需要自动出现，Yes 表示有，No 表示无。
    - name：表示框架的名字。
    - id：框架的标识，用来区分其他框架。
    - title：框架的标题。

以上框架的创建过程的代码为系统默认生成，其中每个框架内的网页名称均为 Untitled。

2. 框架集及框架属性

1）框架集属性

在插入框架后，用鼠标单击框架，框架集的"属性"面板如图 4-26 所示。

图 4-26　框架集属性

- 边框：设置是否显示框架集中所有框架的边框。
- 边框颜色：设置框架集中所有框架的边框颜色。
- 边框宽度：设置框架集中所有框架的边框宽度。
- 列、行：设置"列"（或"行"）的宽度（或高度）。其中，在"单位"下拉列表框中有"像素"、"百分比"和"相对"三个选项，选择"像素"选项，以具体的像素值定义框架的宽度；选择"百分比"选项，以占窗口宽度的百分比定义框架的宽度；选择"相对"选项，框架的宽度为窗口的宽度减去其他框架的宽度。

2）框架属性

用鼠标单击框架边框，在 Dreamweaver CS5 的"代码"视图中单击＜frame＞标签，在"属性"面板中列出框架的属性，如图 4-27 所示。

图 4-27 框架属性

- 框架名称：为选择的框架命名，以方便识别或被 JavaScript 程序引用，也可作为打开链接的目标框架名。
- 源文件：显示框架源文件的 URL 地址。单击文本框后的 ▥ 按钮，可在弹出的对话框中重新指定框架源文件的地址。
- 滚动：设置框架显示滚动条的方式，有"是"、"否"、"自动"和"默认"4 个选项。选择"是"表示在任何情况下都显示滚动条；选择"否"表示在任何情况下都不显示滚动条；选择"自动"表示当框架中的内容超出了框架大小时显示滚动条，否则不显示滚动条；选择"默认"表示采用浏览器的默认方式。
- 不能调整大小：选中该复选框后，不能在浏览器中通过拖动框架边框来改变框架大小；否则在浏览时可以随意拖动框架边框。
- 边框：设置是否显示框架的边框。
- 边框颜色：设置框架边框的颜色。
- 边界宽度：输入当前框架中的内容距左右边框间的距离。
- 边界高度：输入当前框架中的内容距上下边框间的距离。

3）相关标签

＜noframe＞：当用户的浏览器不支持框架时，可以看到＜noframe＞与＜/noframe＞之间的内容，而不是一片空白，这些内容是提醒用户使用新的浏览器的信息。在＜frameset＞标签中加入＜noframe＞标签的方法如下列代码所示：

```
<frameset rows="80,*">
    <noframe>
        <body>抱歉，您使用的浏览器不支持框架功能，请使用其他的浏览器.
        </body>
    </noframe>
    <frame src="a.html">
    <frame src="b.html">
</frameset>
```

若浏览器支持框架，那么它不会理会＜noframe＞中的东西。但若浏览器不支持框架，由于不能识别框架标签，不明的标签会被略过，标签包围的东西便被解读出来，所以放在 ＜noframe＞范围内的文字会被显示。

3. 编辑框架

1）调整框架大小

调整框架的边框可以改变框架的高度和宽度，以适应现实区域。可以通过修改代码中的 cols 属性值,如下列代码所示,调整后的结果如图 4-28 所示。

```html
<html >
    <head>
    <title>基本框架</title>
    </head>
    <frameset cols="20%,80%"><!--调整框架大小-->
        <frame src="left.html">
        <frame src="right.html">
    </frameset>
</html>
```

以上代码中可以通过修改"cols＝"20％,80％""中的百分比来调整框架大小,也可以设定具体的像素值来调整框架的大小。

在 Dreamwearer CS5 中也可以通过鼠标在框架的边框上进行调整,如图 4-29 所示。当鼠标指针变成双向箭头时,用鼠标左键拖动框架即可。

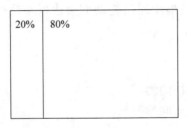

图 4-28　通过代码调整框架

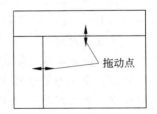

图 4-29　框架的可移动边框

2）拆分框架

如果系统默认的框架不符合设计的需要,或者要设计更为复杂的框架结构,可以通过对框架进行拆分来完成自定义的框架布局结构。利用 Dreamweaver CS5 的菜单选项"修改"→"框架集"中的拆分选项可以进行拆分操作,选项有"拆分左框架"、"拆分右框架"、"拆分上框架"和"拆分下框架",如图 4-30 所示。

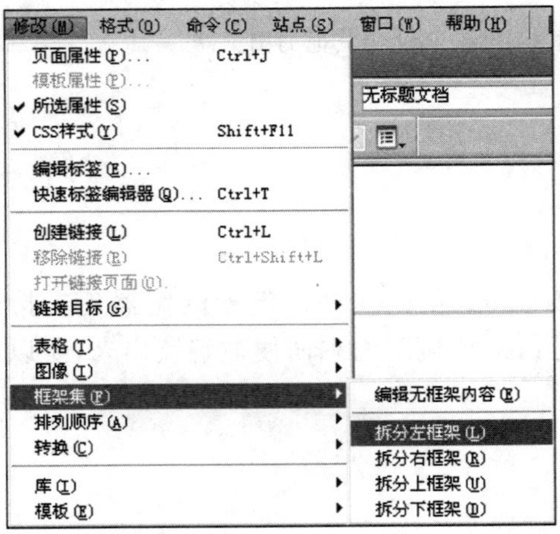

例如,在一个已有框架的内部拆分出一个下框架,如图 4-31(a)所示。可以单击框架内部,然后在菜单栏中选择"修改"→"框架集"→"拆分下框架"命令,拆分的结果如图 4-31(b)所示。在中间的框架内可以继续"拆分右框架",得到一组由 4 个框架组成的框架集,如图 4-31(c)所示。

3）删除框架

如果不需要某个框架,可以将其删除,其

图 4-30　拆分框架菜单选项

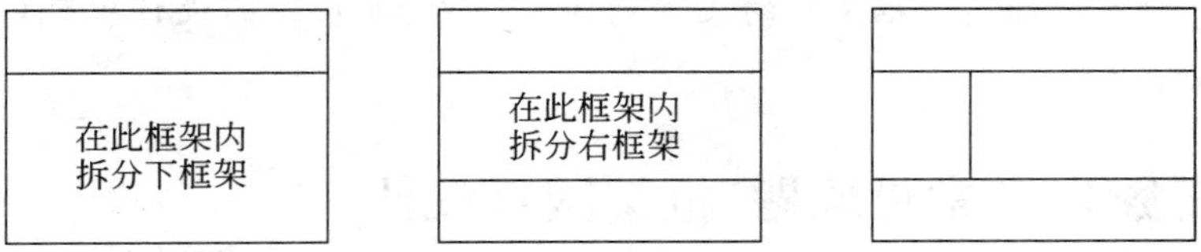

在此框架内 拆分下框架	在此框架内 拆分右框架	
(a) 初始框架	(b) 拆分下框架	(c) 拆分右框架

图 4-31　经过两次拆分框架的框架集

方法很简单,用鼠标将要删除框架的边框拖至框架集以外即可。

4. 保存框架

如果框架集中包含了 topFrame、leftFrame、rightFrame 和 bottomFrame 框架,每个框架包含一个文件,这样一个框架集会包含多个文件,在保存网页时需要有多个文件保存过程才能将整个网页文档都保存下来。例如以图 4-32 所示的框架为例,需要对框架中的 4 个部分分别命名进行保存。操作步骤如下:

步骤 1　保存框架集。在菜单栏中选择"文件"→"保存全部"命令,整个框架边框会出现一个阴影框,表示要保存整个框架集,同时会弹出"另存为"对话框,命名为 Questions. html,将网页文件保存在站点下的 Questions 文件夹中,如图 4-33 所示。

图 4-33　保存框架集

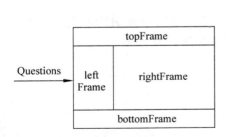

图 4-32　框架与框架集

步骤 2　保存框架。在保存框架集后,会出现第二个"另存为"对话框,此时要保存的是框架网页文档,应该注意哪个框架内侧出现阴影,阴影表示正在保存的框架。分别对每个框架命名,并依次保存网页文档上框架为 topFrame. html,左框架为 leftFrame. html,右框架为 rightFrame. html 和下框架为 bottomFrame. html。

提示：此时所有的网页框架中的文件均为空文件，在后续的设计中可以对空文件进行编辑或替换。

4.3.3　任务2　"常见问题"框架网页设计

向框架中添加内容可以通过两种方法来实现：第一种方法，由于每一个框架内部都是一个独立网页，因此可以直接按照网页的设计方法对每一个框架添加元素设计；第二种方法，在每个框架内插入已完成的网页文件。

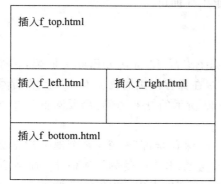

图 4-34　框架的"属性"

以"辽宁风景旅游"网站中的"常见问题"为例，设计框架布局，并将已经完成的 4 个独立网页文件分别插入到框架中，这 4 个独立网页分别是页眉文件 f_top.html，次导航文件 f_left.html、正文内容文件 f_right.html 和页脚文件 f_bottom.html。步骤如下：

步骤 1　打开 Questions.html 网页文件，按照图 4-34 所示插入网页文件。

步骤 2　插入页眉。在页眉框架内插入 f_top.html 文件，并按照图 4-35 所示的属性对框架进行设置。

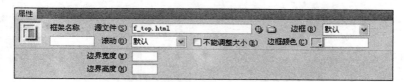

图 4-35　框架的"属性"面板

插入页眉网页文件后的效果如图 4-36 所示。

步骤 3　在框架中插入其他网页。在剩下的三个框架内分别插入 f_left.html、f_right.html 和 f_bottom.html，生成的框架网页效果如图 4-37 所示。

完成后的框架部分代码如下：

```
<frameset rows="245,507" cols="*">
    <frame src="f_top.html"/>
    <frameset rows="378,147" cols="*">
        <frameset rows="*" cols="25%,*">
            <frame src="f_left.html"  />
            <frame src="f_right.html" />
        </frameset>
    <frame src="f_bottom.html" />
    </frameset>
</frameset>
```

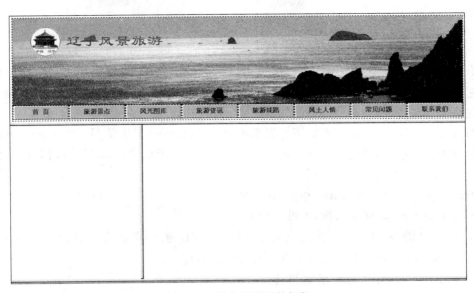

图 4-36　插入网页后的框架

图 4-37　完成后的框架网页

```
<noframe>
    <body>抱歉,您使用的浏览器不支持框架功能,请使用其他的浏览器.
    </body>
</noframe>
```

4.3.4 内嵌框架 iframe

iframe 元素的作用相当于在一个网页中嵌入另一个文档,或者说像是一个漂浮的框架。它可以在一页网页中间插入一个窗口以显示另外一个文件,有时把它看成是"浏览器中的浏览器",或者"画中画"。

同 frame 一样,并不是所有的浏览器都可以识别 iframe,当浏览器不支持 iframe 标签时需要设置提示信息,使用<noframe>标签可以实现提示信息的编写,使用方法与框架中的<noframe>相同。

iframe 属性的含义与 frame 相似,相关属性如下:

- name:iframe 框架名称,不可为中文。
- src:引用源文件,显示内嵌框架源文件的 URL 地址,单击文本框后的 ▭ 按钮,可在弹出的对话框中重新指定框架源文件的地址。
- width、height:iframe 的宽与高。
- scrolling:设置框架显示滚动条的方式,有"是"、"否"、"自动"和"默认"4 个选项。选择"是"表示在任何情况下都显示滚动条;选择"否"表示在任何情况下都不显示滚动条;选择"自动"表示当框架中的内容超出了框架大小时显示滚动条,否则不显示滚动条;选择"默认"表示采用浏览器的默认方式。
- border:边框的宽度,为了让内嵌效果与邻近的内容相融合,常设置为 0。
- frameborder:是否有边框,0 表示没有,1 表示有。

下面以页脚网页文件 bottom.html 为嵌入对象,用 iframe 完成网页嵌入过程。

步骤 1 插入 iframe。打开 Dreamwearer CS5,在菜单栏中选择"插入"→HTML→"框架"→IFRAME 命令,如图 4-38 所示。

图 4-38 通过菜单插入 iframe

步骤 2 设置 iframe 属性。插入 iframe 后,设置 iframe 的属性:width 为 1000px,height 为 150px,frameborder 为 0,scrolling 为 no,源文件为 bottom.html,相关代码如下:

```
<body>
    <iframe frameborder="0"  width="1000" height="150"
    src="f_bottom.html" scrolling="no">
    </iframe>
    <noframe>
    <body>您的浏览器不支持 Iframe 框架!</body>
    </noframe>
</body>
```

在设计时,iframe 的结果是不可见的,如图 4-39 所示。

图 4-39　设计时的 iframe

步骤 3 保存并查看结果。设计完成后保存文件,使用 IE 浏览器查看 iframe 的结果如图 4-40 所示。

图 4-40　利用 iframe 显示网页

4.4　模板网页

目的

了解模板的功能,了解模板与创建网页之间的关系;掌握多种可编辑区域的使用方法;会创建模板、编辑模板和应用模板。

要点

(1) 模板使得网站有统一的风格,可以体现网站的专业性。

(2) 模板可以帮助避免很多重复性的工作。

4.4.1 模板网页概述

如果网站中网页的设计大部分是一致的,当制作完许多网页后,如果需要更新网站,逐个文件地修改显然十分麻烦。如果使用模板,就可以统一构建和更新网站。

模板网页是已经做好的网页框架。在网站中如果有许多页面版式外观都是相同的情况下,就可以定义一个模板网页,再利用网页模板制作其他页面时就会很方便,不易出错。

设计模板网页可以通过先制作完成一个网页页面,然后在网页中划分出锁定区域和可编辑区域,并将设计好的网页保存成模板文件。进行大批量网页开发的时候,可以选择使用模板网页新建网页文档,修改可编辑区内容,并保存成网页。如果修改模板网页内容,则网页也会随之更新。

4.4.2 创建模板

在 Dreamweaver CS5 中创建模板网页的方法有如下三种:

1. 通过新建文档创建 HTML 模板

打开 Dreamweaver CS5,在"新建文档"对话框的左侧选择"空白页"→"HTML 模板",或者选择"空模板"→"HTML 模板",如图 4-41 所示。

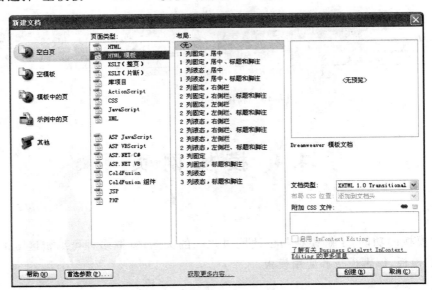

图 4-41　通过新建文档创建模板

2. 通过菜单创建模板

打开 Dreamweaver CS5,在菜单栏中选择"插入"→"模板对象"→"创建模板"命令,如

图 4-42 所示。

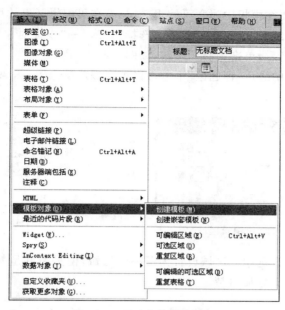

图 4-42　通过菜单创建模板

3. 将普通网页改变成模板网页

在编辑非模板网页时,在菜单栏中选择"插入"→"模板对象"命令,如果选择了任何一个可编辑区域,Dreamweaver CS5 会提示"Dreamweaver 自动将此文档转换为模板",如图 4-43 所示。

图 4-43　插入可编辑区域时的系统提示

模板中有些区域是不能编辑的,称为锁定区;有些区域则是可以编辑的,称为可编辑区。在文件中添加网页元素,如果不设置可编辑区域,那么所有的元素都将以固定的形式出现在模板上,这样模板就失去意义了,所以在进行网页模板设计时,必须加上可编辑区域,这样才可以保证在网页上添加不同的内容。可以通过编辑可编辑区的内容,得到与模板相似但又有所不同的新的网页。使用模板创建网页的最大好处就是当修改模板时使用该模板创建的所有网页可以一次自动更新,这就大大提高了网页更新维护的效率。在网页中可以设计的区域有"可编辑区域"、"可选区域"、"重复区域"、"可编辑可选区域"和"重复表格"。

1）可编辑区域

模板创建好后，要在模板中建立可编辑区，只有在可编辑区里才可以编辑网页内容。

在模板中添加可编辑区域，在菜单栏中选择"插入"→"模板对象"→"可编辑区域"命令，为可编辑区域命名后，单击"确定"按钮，如图4-44所示。

在设计区中出现的绿色"标题区"下方可以填写提示的内容，图4-45所示为插入了一个"标题区"。

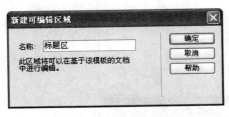

图4-44　新建可编辑区域

图4-45　插入标题

可以将网页上任意选中的区域设置为可编辑区域，但是最好是基于HTML代码的，这样在制作的时候就会更加清楚。

2）可选区域

可选区域是模板中的区域，用户可将其设置为在基于模板的文件中显示或隐藏。当要为在文件中显示的内容设置条件时，即可使用可选区域。

在模板中添加可编辑区域，在菜单栏中选择"插入"→"模板对象"→"可选区域"命令，为可选区域命名后，单击"确定"按钮，如图4-46所示。

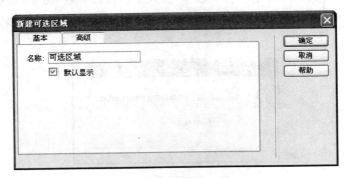

图4-46　新建可选区域

3）重复区域

重复区域是可以根据需要在基于模板的页面中复制任意次数的模板部分。重复区域通常用于表格，也可以为其他页面元素定义重复区域。

图4-47　新建重复区域

在模板中添加可编辑区域，在菜单栏中选择"插入"→"模板对象"→"重复区域"命令，为可编辑区域命名后，单击"确定"按钮，如图4-47所示。

4）可编辑可选区域

可编辑可选区域可以设置显示或隐藏所选区域，并且可以编辑该区域中的内容。

在模板中添加可编辑区域，在菜单栏中选择"插入"→"模板对象"→"可编辑可选区域"命令，为可编辑区域命名后，单击"确定"按钮，如图4-48所示。

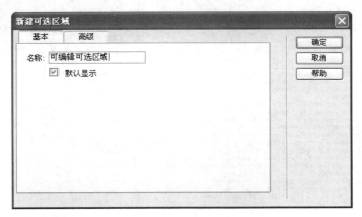

图 4-48　可编辑可选区域

5）重复表格

可以使用重复表格创建包含重复行的表格格式的可编辑区域。可以定义表格属性并设置哪些表格单元格为可编辑区域。

在模板中添加可编辑区域，在菜单栏中选择"插入"→"模板对象"→"重复表格"命令，为可编辑区域命名后，单击"确定"按钮，如图4-49所示。

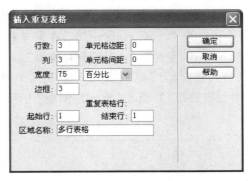

图 4-49　插入重复表格

4.4.3　任务3　创建"景点介绍"模板网页

以"辽宁风景旅游"网站的丹东鸭绿江景点介绍网页 DDYLJ_Info.html 为基本网页结构，建立一个网页模板。分析网页的特点，如图4-50所示，网页的主要功能是介绍景点，布局结构是固定的，其中正文标题和文字区域是随不同的景点而不同，所以设计模板过程如下：首先设计锁定区域，包括页眉、次导航与页脚；其次设计可编辑区，包括标题与正文区域。

图 4-50　丹东鸭绿江景点介绍网页

步骤 1　新建模板文件。打开 Dreamweaver CS5，在菜单栏中选择"文件"→"新建"命令，在出现的"新建窗口"中选择"空模板"→"HTML 模板"。

步骤 2　建立布局表格。在"设计"视图插入一个 3 行 1 列的表格，"表格宽度"为1000px，"边框"为 0px，"单元格边距"为 0px，"单元格间距"为 0px，选择"无标题"，完成表格如图 4-51 所示。

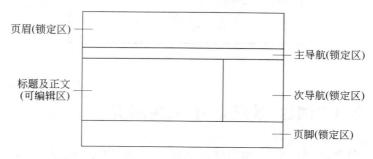

图 4-51　模板布局设计

步骤 3　编辑锁定区内容。在锁定区中完成内容设计，完成效果如图 4-52 所示。

图 4-52　网页布局中的锁定区

步骤 4　插入标题及正文表格。在正文区插入一个 2 行 1 列的表格,"表格宽度"为 100％,"边框"为 0px,"单元格边距"为 0px,"单元格间距"为 0px,选择"无标题",第一行设置标题区域,第二行设置正文区域,如图 4-53 所示。

图 4-53　插入标题与正文表格

步骤 5　添加标题可编辑区域。在菜单栏中选择"插入"→"模板对象"→"可编辑区域"命令,在表格中的第 1 行添加标题可编辑区域,如图 4-54 所示,在"新建可编辑区域"对话框中的"名称"文本框中填写"标题区域",单击"确定"按钮,完成标题区域设置。

步骤 6　添加正文可编辑区域。在表格中的第 2 行添加正文可编辑区域,完成正文区域设计,结果如图 4-55 所示。

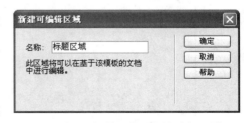

图 4-54　添加"标题区域"可编辑区域

步骤 7　保存模板文件。完成编辑,将模板命名为 Temp_Attrac.dwt,并保存在站点下的 Template 文件夹中,如图 4-56 所示。

图 4-55　完成标题区域与正文区域设计

图 4-56　保存模板

　　提示：创建模板之前必须先建立站点，否则 Dreamweaver CS5 会提示新建站点。因为创建的模板页面必须放在站点下才能应用到其他页面中。

4.4.4　任务 4　利用模板生成"景点介绍"网页

　　步骤 1　新建网页文件。打开 Dreamweaver CS5，在菜单栏中选择"文件"→"新建"命令，在"新建文档"对话框中选择"模板中的页"，选择模板网页 Temp_Attrac.dwt，单击"创建"按钮，如图 4-57 所示。

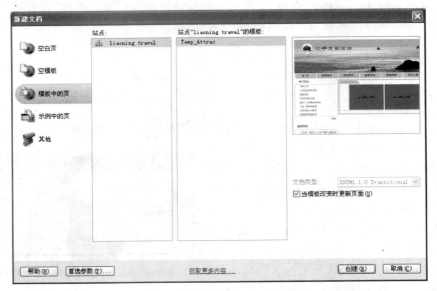

图 4-57　模板的选择

此时产生的网页为 Untitled.html,其中的两个编辑区分别是"标题区域"和"正文区域"部分,如图 4-58 所示。

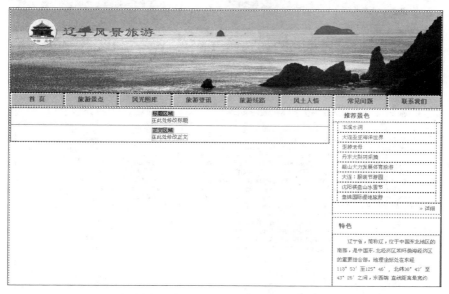

图 4-58　在模板中进行内容的编辑

步骤 2　编辑标题及正文可编辑区域。分别在"标题区"与"正文区"中输入文字,调整文字内容格式,并控制正文内容在模板页范围之内,如图 4-59 所示。

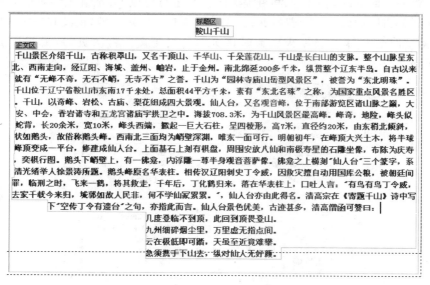

图 4-59　标题与正文内容

步骤 3　保存网页。标题与正文内容编辑好后,对网页进行保存,命名网页为 ASQS_info.html,保存到站点下。

步骤 4 查看网页。使用 IE 浏览器查看网页 ASQS_info.html,如图 4-60 所示。

图 4-60 利用模板创建的网页

如果对网页模板的内容进行调整,由模板生成的网页内容也会发生同步改变。若要对使用模板的页面中的锁定区域和可编辑区域都进行修改,必须首先将页面和模板分离开。当页面分离以后成为一个普通文档,没有可编辑或锁定区域,也没有连接到任何模板文件中,则这时也意味着当模板更新时该页面不会更新。将网页"从模板中分离",如图 4-61 所示。

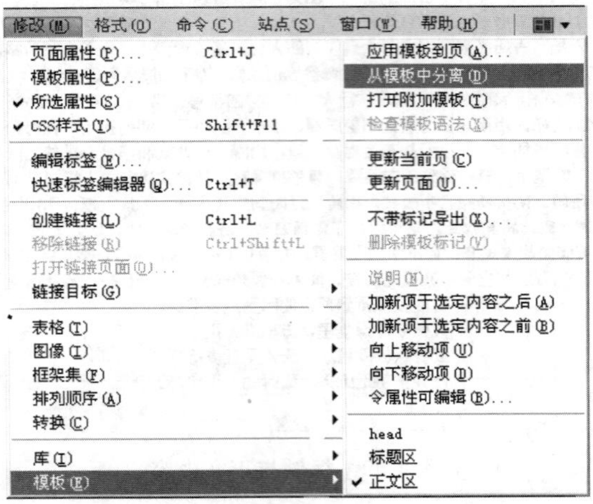

图 4-61 将模板网页从模板中分离

提示:分离后的网页将同模板分离开,网页中所有的区域都变成可编辑的。

4.4.5　任务 5　设计重复区域模板网页

以"辽宁风景旅游"网站中的"风光图库"为任务目标，建立模板网页。如图 4-62 所示，图中页眉与左边的次导航为锁定区，右侧图像栏为可编辑区，并且可编辑区中的多个栏目是相同的外观，可以使用"重复区域"设计模板网页。建立模板网页的步骤如下：

图 4-62　"风光图库"网页

步骤 1　新建模板文件。打开 Dreamweaver CS5，在菜单栏中选择"文件"→"新建"命令，在出现的"新建窗口"中选择"空模板"→"HTML 模板"，将模板命名为 Temp_Gellery.dwt，并保存在站点下的 Template 文件夹中，如图 4-63 所示。

步骤 2　插入锁定区内容。在表格中插入页眉、页脚和次导航，如图 4-64 所示。

步骤 3　插入"重复区域"可编辑区。在菜单栏中选择"插入"→"模板对象"→"重复区域"命令，并在出现的"新建重复区域"对话框中将重复区域命名为"图片栏目组"，如图 4-65 所示。

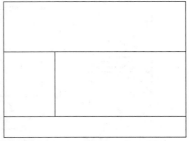

图 4-63　"风光图库"网页布局表格

步骤 4　在重复区域中插入表格。在"图片栏目组"中创建 1 行 1 列表格，"表格宽度"为 100%，"表格高度"为 200px，"边框"为 1px，"单元格边距"为 0px，"单元格间距"为 0px，选择"无标题"，完成表格如图 4-66 所示。

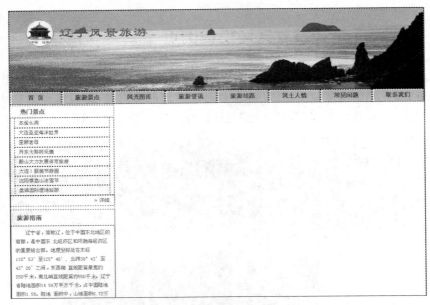

图 4-64　模板网页锁定区设计

图 4-65　插入重复区域

图 4-66　插入重复区域

　　步骤 5　在"重复区域"插入可编辑区。在菜单栏中选择"插入"→"模板对象"→"可编辑区域"命令,将可编辑区域命名为"重复行"。

　　步骤 6　在可编辑区域中插入表格。建立 2 行 1 列表格,将表格的第一行分成两列,如图 4-67 所示,用于编辑标题和插入图像。

图 4-67　重复区域中的可编辑区域表格

步骤 7　编辑表格内容。为表格的第 1 行第 1 列添加背景图像,在标题行输入文字 "标题";在第 2 行插入三个图像占位符,设置占位符高 150px,宽 200px,如图 4-68 所示, 完成后保存模板。

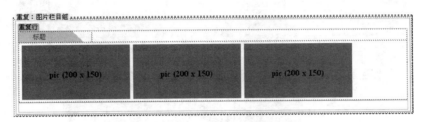

图 4-68　模板中可重复区域效果

4.4.6　任务 6　利用可重复区域模板创建"风光图库"网页

Temp_ Gellery.dwt 模板网页含有的重复区域可以在网页设计过程中动态地增加栏 目内容,而且增加的栏目外观是相同的,使用重复区域的控制按钮还可以进行栏目的删除 和栏目位置的调整。

步骤 1　新建网页文件。打开 Dreamweaver CS5,在菜单栏中选择"文件"→"新建" 命令,在窗口中选择"模板中的页",选择在 4.4.5 节中完成的 Temp_ Gellery.dwt 模板网 页,单击"创建"按钮,如图 4-69 所示。

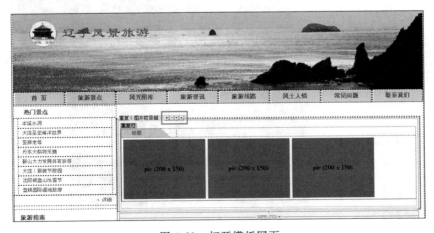

图 4-69　打开模板网页

重复区域选项,包含 4 个按钮:

- ➕:增加一行重复区域内容;
- ➖:删除选中行;
- ▼:将选中行下移一行;
- ▲:将选中行上移一行。

步骤 2 增加重复区域。单击 ➕ 按钮,增加两行重复区域,设置第 1 行标题为"花",第 2 行标题为"石",插入图像,如图 4-70 所示。

图 4-70 编辑网页

步骤 3 保存文件并查看结果。将网页文件命名为 picture.html,并保存到站点下,使用浏览器打开网页查看效果,如图 4-71 所示。

图 4-71 查看网页

4.5　思考与练习

(1) 什么是页面布局？它有哪些作用？

(2) 网页布局结构由哪些元素组成？

(3) 网页布局的基本原则有哪些？

(4) 登录常用的网站，分析它们的布局结构特点。

(5) 框架与框架集的区别是什么？各用什么标签标示？

(6) 利用代码设计如下框架网页。

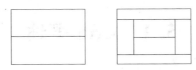

(7) 什么是模板网页？创建模板网页的使用方法有几种？分别是什么？

(8) 举例说明如何通过模板创建网页。

(9) 上机实践题：图 4-72 是"辽宁风景旅游"网站的首页，试用嵌套表格设计网页的布局结构，并用 iframe 的方式实现对页脚的引用。

图 4-72　"辽宁风景旅游"网站的首页

第5章

CSS 网页修饰

5.1 CSS 概述

目的

掌握 CSS 的构造规则,掌握常用 CSS 选择器以及 CSS 常用方法,掌握运用不同选择器采用不同方法进行 CSS 设置的方法。

要点

(1) 标签选择器、类选择器和 ID 选择器的使用方法。

(2) 行内式、内嵌式和链接式样式适用场合。

HTML 是所有网页制作的基础,为了能够制作出既美观,同时又便于维护和升级的网站,仅靠 HTML 是不够的,CSS 在网页制作与维护方面更具优势。

本章从 CSS 的概念出发,介绍 CSS 的工作原理及使用方法,具体讲解 CSS 在网页修饰方面的一些运用。

5.1.1 CSS 的概念

CSS(Cascading Style Sheet,层叠样式表)是用于控制网页样式并允许将样式信息与网页内容分离的一种标签性语言。CSS 的引入就是为了使 HTML 能够更好地适应页面的美工设计。它以 HTML 为基础,提供了丰富的格式化功能,如对字体、颜色、背景和布局等控制。CSS 的引入为网页设计开创出新局面,使用 CSS 设计出的精美页面越来越多。

CSS 简化了网页格式设计,增强了网页的可维护性,加强了网页的表现力,CSS 样式属性提供了比 HTML 更多的格式设计功能。例如,可以通过 CSS 样式去掉网页中超链接的下划线,可以为文本添加阴影、翻转效果等;增强了网站格式的一致性,将 CSS 样式定义到样式表文件中,然后在多个网页中同时应用样式表文件中的样式,就确保了多个网页具有一致的格式,并且可以随时更新样式表文件,以达到可以自动更新多个网页的格式设置,从而大大降低了网站的开发与维护工作。

5.1.2 CSS 构造规则

在具体讲解 CSS 构造规则之前,看一个生活中的实际问题,当需要描述一个人的时候,通常可以采用这样一种结构,例如:

```
张三
{
性别:男;
民族:汉;
年龄:20;
爱好:唱歌;
}
```

这个结构由三种要素组成,即姓名、属性和属性值。通过这样一种结构,就可以清楚地说明一个人的基本情况。

CSS 构造规则跟以上的结构非常类似,CSS 的作用就是设置网页的各个组成部分的外在表现。以 3 级标题样式设置为例,构造结构如下:

```
3级标题
{
字体:仿宋;
大小:20像素;
颜色:黑色;
}
```

通过进一步抽象,将上面的结构描述成 CSS 代码为:

```
h3
{
    font-family:仿宋;
    font-size:20px;
    color:black;
}
```

以上即 CSS 代码,CSS 首先指定为对象 h3 进行设置,然后指定该对象的"属性"设置,并同时给出该属性的"值"。因此,概括起来 CSS 就是由三个基本部分构成——"对象"、"属性"和"值"。

5.1.3 常用 CSS 选择器

在 CSS 的三个组成部分中,"对象"又称为选择器(Selector)。选择器是 CSS 中很重要的概念,所有 HTML 语言中的标签样式都是通过不同的 CSS 选择器进行控制的。用户通过选择器对不同的 HTML 标签进行选择,并赋予各种样式声明,可以实现各种效果。

在 CSS 中有多种不同类型的选择器,这里只介绍三种常用的基本 CSS 选择器:标签选择器、类选择器和 ID 选择器。

1. 标签选择器

一个 HTML 页面由很多不同的标签组成,HTML 标签样式重新定义标签(如 h1)的格式。创建或更改 h1 标签的 CSS 样式时,所有用 h1 标签设置了格式的文本都会立即更新。因此,每一种 HTML 标签的名称都可以作为相应的标签选择器的名称。例如,可以通过 h1 选择器来声明页面中所有<h1>标签的 CSS 风格。代码如下:

```
<style>
h1
{
    color: black;
    font-size: 20px;
}
</style >
```

以上这段 CSS 代码声明了 HTML 页面中所有的<h1>标签修饰的文本显示样式,文本的颜色都是采用黑色,大小都为 20px。每一个 CSS 选择器都包含选择器本身、属性和值,其中属性和值可以设置多个,从而实现对同一个标签声明多种样式风格,如图 5-1 所示。

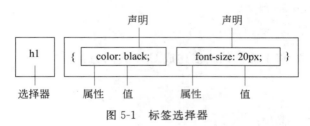

图 5-1　标签选择器

CSS 语句对于所有属性和值都有严格的要求,如果声明的属性或者某个属性的值不符合 CSS 规范的要求,则 CSS 语句不能生效。如果是在 CSS 编辑器中直接编辑 CSS 语句,此类问题可以避免。

2. 类选择器

对于标签选择器,一旦声明则网页中所有的相应标签都会相应的产生变化。例如,当声明了<h1>标签为黑色,则网页中所有的<h1>标签都为黑色。如果希望其中的某一个<h1>标签为其他颜色,此时不能使用标签选择器。因此,引入另一种选择器——类选择器。

类选择器的名称可以由用户自定义,类名称必须以句点开头,并且可以包含任何字母和数字组合,属性和值跟标签选择器一样,也要求符合 CSS 规则,如图 5-2 所示。

类选择器的具体使用方法通过以下实例说明:

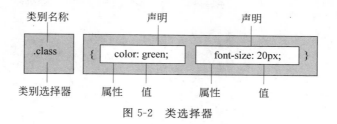

图 5-2 类选择器

```
<html>
<head>
<title>class 选择器示例</title>
<style type="text/CSS">
.red{
    color:red;                          /* 红色 */
    font-size: 24px;                    /* 文本大小 */
    }
.green{
    color:green;                        /* 绿色 */
    font-size:36px;                     /* 文本大小 */
    }
</style>
</head>
<body>
    <p class="red">class 类选择器示例 1</p>
    <p class="green">class 类选择器示例 2</p>
    <h2 class="red">h2 class 类选择器示例 3</h2>
</body>
</html>
```

此例中分别定义了两个类选择器,命名为.red 和.green,可以在其他标签中引用,此时<p>标签和<h2>标签都有所改变,class 选择器适用于所有的 HTML 标签,只需要用 HTML 标签的 class 属性声明即可。

3. ID 选择器

在 HTML 的标签中只需要利用 ID 属性就可以直接调用 CSS 中的 ID 选择器,ID 必须以井号(♯)开头,并且可以包含任何字母和数字组合,其格式如图 5-3 所示。

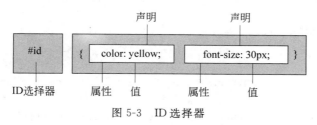

图 5-3 ID 选择器

ID 选择器实例：

```html
<html>
<head>
<title>ID选择器示例</title>
<style type="text/CSS">
#red{
    color:red;
    font-size:24px;
}
#green{
    font-size:30px;                    /*字体大小*/
    color:#009900;                     /*颜色*/
}
</style>
</head>
<body>
<p id="red">ID选择器示例1</p>
<p id="green">ID选择器示例2</p>
<h2 id="red">h2 ID选择器示例3</h2>
</body>
</html>
```

通过上面的 CSS 代码可以看出类选择器和 ID 选择器在使用上非常类似。但应该注意，ID 选择器不支持像类选择器那样的多风格同时使用。

5.1.4 CSS 常用方法

CSS 加载到 HMTL 的方法有很多，最常见的形式有三种，包括行内式、内嵌式和链接式。

1. 行内式

行内式是所有样式方法中最为直接的一种，直接对 HTML 的标签使用 style 属性，然后将 CSS 代码直接写在其中，作用的范围是当前标签，示例代码如下：

```html
<html>
<head>
<title>页面标题</title>
</head>
<body>
    <p style="color:#FF0000; font-size:20px; text-decoration:underline;">正
    文内容1</p>
    <p style="color:#000000; font-style:italic;">正文内容2</p>
    <p style="color:#FF00FF; font-size:25px; font-weight:bold;">正文内容3</p>
```

```
</body>
</html>
```

行内式是最简单的 CSS 使用方法,由于需要为每一个标签设置 style 属性,不易维护,且造成网页文件过大,因此不推荐使用。

2. 内嵌式

内嵌式就是将 CSS 写在所应用的网页的<head>与</head>之间,并且用<style>和</style>标签进行声明,网页内的各种标签都可以引用。

```
<html>
<head>
<title>页面标题</title>
<style type="text/CSS">
p{
      color:#0000FF;
      text-decoration:underline;
      font-weight:bold;
      font-size:25px;
  }
</style>
</head>
<body>
      <p>这是第 1 行正文内容……</p>
      <p>这是第 2 行正文内容……</p>
      <p>这是第 3 行正文内容……</p>
</body>
</html>
```

对于不同页面上的特定标签都希望采用同样的风格时,使用内嵌式方法相对复杂,维护成本较高,因此仅适用于对特殊的页面设置单独的样式风格时使用。

3. 链接式

链接式 CSS 样式表是使用频率最高,也是目前工程实践中应用最为广泛的一种。将 HTML 页面本身与 CSS 样式风格分离为两个或者多个文件,实现了页面框架 HTML 代码与美工 CSS 代码的完全分离,使得前期制作和后期维护都非常方便,因此得到广泛的应用。

同一个 CSS 文件可以链接到多个 HTML 文件中,可以链接到整个网站的所有页面中,使网站整体风格统一,后期维护的工作量大大减少。下面看一个链接式样式表的实例。

先创建 CSS,命名为 link.css,其内容如下所示,保存文件时要和应用该 CSS 文件的网页文件在同一个文件夹,否则 href 属性中需要带有正确的文件路径。

```
h2{
    color:#0000FF;
}
p{
    color:#FF0000;
    text-decoration:underline;
    font-weight:bold;
    font-size:15px;
}
```

然后创建网页如下：

```
<html>
<head>
<title>页面标题</title>
<link href="link.css" type="text/CSS" rel="stylesheet">
</head>
<body>
    <h2>CSS标题</h2>
    <p>这是正文内容……</p>
</body>
</html>
```

5.2 任务1 采用行内式修饰文本和图像

目的

学会对网页中的文本进行 CSS 样式的设置，主要包括字体、字号和颜色等设置，掌握段落的 CSS 设置方法，如首行缩进等，掌握在网页中插入图像，并对图像的样式进行 CSS 设置，如边框等。

要点

（1）行内式标签选择器的使用，主要包括软件环境自动设置生成行内式标签选择器设置，段落内标签样式的设置和标签样式的重新设置。

（2）复合内容选择器样式的设置，以及其在图像边框设置中的运用。

本节主要实现对图 5-4 中文本和图像的修饰。对于文本内容主要采用行内式标签选择器的方式进行。

5.2.1 利用标签选择器修饰文本

Word 可以对文本的字体、大小和颜色等各种属性进行设置。CSS 同样可以对

图 5-4　景点介绍

HTML 页面中的文本进行设置。本节主要介绍 CSS 设置文本属性的基本方法。

本节将通过以下三种方式来实现对文本的设置：

- 通过"属性"面板中的 CSS 设置文本内容进行修饰。
- 通过程序代码进行文本样式的修饰。
- 通过修改标签样式对文本样式进行修饰。

步骤 1　新建网页文件。打开 Dreamweaver CS5，进入站点 LiaoNing Travel，网站的目录结构如图 2-21 所示，在 Info 目录内新建网页文件并命名为 DlXingHaiInfo. html。

步骤 2　文本的输入。输入文本后，如图 5-5 所示。

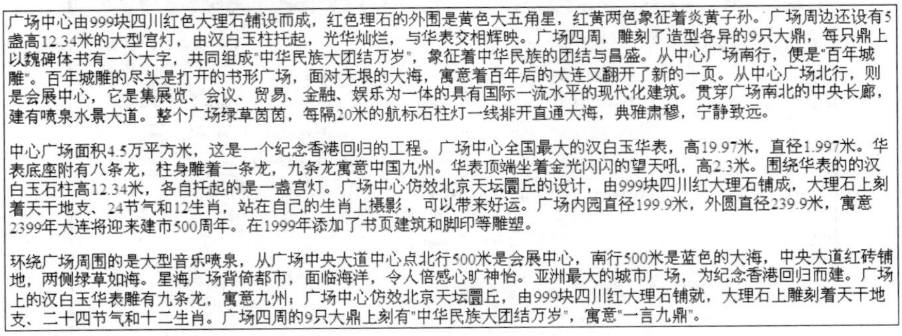

广场中心由999块四川红色大理石铺设而成，红色理石的外围是黄色大五角星，红黄两色象征着炎黄子孙。广场周边还设有5盏高12.34米的大型宫灯，由汉白玉柱托起，光华灿烂，与华表交相辉映。广场四周，雕刻了造型各异的9只大鼎，每只鼎上以魏碑体书有一个大字，共同组成"中华民族大团结万岁"，象征着中华民族的团结与昌盛。从中心广场南行，便是"百年城雕"。百年城雕的尽头是打开的书形广场，面对无垠的大海，寓意着百年后的大连又翻开了新的一页。从中心广场北行，则是会展中心，它是集展览、会议、贸易、金融、娱乐为一体的具有国际一流水平的现代化建筑。贯穿广场南北的中央长廊，建有喷泉水景大道。整个广场绿草茵茵，每隔20米的航标石柱灯一线排开直通大海，典雅肃穆，宁静致远。

中心广场面积4.5万平方米，这是一个纪念香港回归的工程。广场中心全国最大的汉白玉华表，高19.97米，直径1.997米。华表底座附有八条龙，柱身雕着一条龙，九条龙寓意中国九州。围绕华表的汉白玉石柱高12.34米，各自托起的是一盏宫灯。广场中心仿效北京天坛圜丘的设计，由999块四川大理石铺成，大理石上刻着天干地支、24节气和12生肖，站在自己的生肖上摄影，可以带来好运。广场内园直径199.9米，外园直径239.9米，寓意2399年大连将迎来建市500周年。在1999年添加了书页建筑和脚印等雕塑。

环绕广场周围的是大型音乐喷泉，从广场中央大道中心点北行500米是会展中心，南行500米是蓝色的大海，中央大道红砖铺地，两侧绿草如海。星海广场背倚都市，面临海洋，令人倍感心旷神怡。亚洲最大的城市广场，为纪念香港回归而建。广场上的汉白玉华表雕有九条龙，寓意九州。广场中心仿效北京天坛圜丘，由999块四川大理石铺就，大理石上雕刻着天干地支、二十四节气和十二生肖。广场四周的9只大鼎上刻有"中华民族大团结万岁"，寓意"一言九鼎"。

图 5-5　文本输入

部分 HTML 代码如下所示：

<p>广场中心由 999 块四川红色大理石铺设而成,红色理石的外围是黄色大五角星,红黄两色象征着炎黄子孙。……寓意着百年后的大连又翻开了新的一页。</p>

`<p>`中心广场面积 4.5 万平方米,这是一个纪念香港回归的工程。……围绕华表的汉白玉石柱高 12.34 米,各自托起的是一盏宫灯。`</p>`

`<p>`环绕广场周围的是大型音乐喷泉,从广场中央大道中心点北行 500 米是会展中心,……星海广场背倚都市,面临海洋,令人倍感心旷神怡。`</p>`

`<p>`亚洲最大的城市广场,为纪念香港回归而建。广场上的汉白玉华表雕有九条龙,寓意九州; ……广场四周的 9 只大鼎上刻有"中华民族大团结万岁",寓意"一言九鼎"。`</p>`

步骤3 文本样式设置。通过"属性"面板对第一段内容进行样式设置,如图 5-6 所示。

图 5-6 属性设置

Dreamweaver CS5 的文本属性面板有 HTML 和 CSS 两种视图,在 CSS 视图中的属性说明如下:

- 目标规则:在 CSS 属性检查器中正在编辑的规则。在对文本应用现有样式的情况下,在页面的文本内部单击时将会显示影响文本格式的规则。使用"目标规则"弹出菜单创建新的 CSS 规则、新的内联样式或将现有类应用于所选文本。如果要创建新规则,将需要完成"新建 CSS 规则"对话框。
- 编辑规则:打开目标规则的"CSS 规则定义"对话框。如果从"目标规则"弹出菜单中选择了"新建 CSS 规则"并单击"编辑规则"按钮,会打开"新建 CSS 规则定义"对话框。

步骤4 内联样式规则设置。内联样式的 CSS 规则定义分类中类型的设置,如图 5-7 所示。

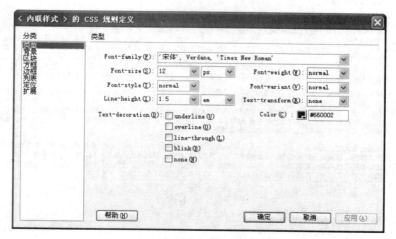

图 5-7 内联样式类型设置

- Font-family：字体列表，单击下拉列表框后的下拉箭头，如图 5-7 所示，可以选择任意一种，或者点击编辑"字体列表"选项，重新设置需要的字体。
- Font-size：字号列表，选择字号的大小。
- Font-style：字体倾斜控制，可以设置为"正常"、"意大利体"和"倾斜"三种样式，分别为 normal、italic 和 oblique。
- Line-height：行高，可以设置行与行之间的高度。
- Font-weight：字体加粗效果设置。通常有"正常粗细"、"粗体"、"加粗体"、"比正常粗细还细"和"100-900"，数字越大，字体越粗。
- Font-variant：将字体更改为小型大写字体，通常有 normal：正常的字体，small-caps：小型的大写字母字体。
- Text-transform：英文大小写转换属性，实现大小写的转换。
- Text-decoration：设置文本装饰效果，在 CSS 中由 Text-decoration 属性为文本添加下划线、删除线和顶线等多种装饰效果。
- Color：字体颜色设置，可以直接输入颜色数值，也可以直接选择所需要的颜色。如图 5-7 所示，设置的颜色值为 #660002。

步骤 5　选择字体。对于内联样式的 CSS 规则定义，可以对类型、背景和区块等进行设置。首先进行"类型"中的 Font-family 设置，如果没有可以采用的字体，则双击"编辑字体列表"，弹出选择对话框，如图 5-8 所示。

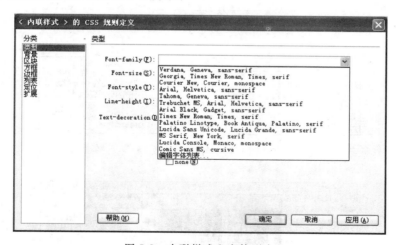

图 5-8　内联样式和字体列表

步骤 6　编辑字体列表。设置需要的字体，选择的字体如图 5-9 所示。

选择宋体、Verdana 和 Times New Roman 三种字体。选择完 Font-family 后，对其他属性进行如下设置。第一段的文本内容进行 CSS 样式的设置后，页面的运行效果如图 5-10 所示。

步骤 7　CSS 属性编码设置。利用标签的 style 属性，即程序代码的方式对第二段文本内容进行 CSS 样式设置，如图 5-11 所示。

颜色编辑，可以选择所需要的颜色，如图 5-12 所示。

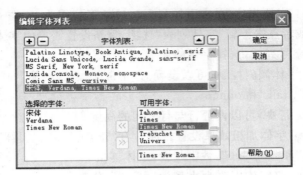

图 5-9   编辑字体列表

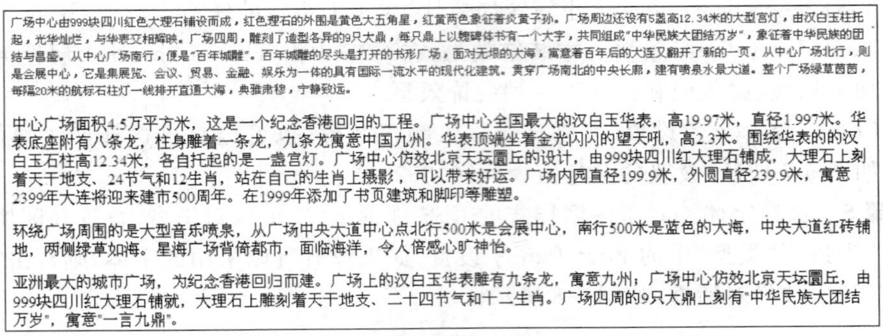

广场中心由999块四川红色大理石铺设而成，红色理石的外围是黄色大五角星，红黄两色象征着炎黄子孙。广场周边还设有5盏高12.34米的大型宫灯，由汉白玉柱托起，光华灿烂，与华表交相辉映。广场四周，雕刻了造型各异的9只大鼎，每只鼎上以魏碑体书有一个大字，共同组成"中华民族大团结万岁"，象征着中华民族的团结与昌盛。从中心广场南行，便是"百年城雕"。百年城雕的尽头是打开的书形广场，面对无垠的大海，寓意着百年后的大连又翻开了新的一页。从中心广场北行，则是会展中心，它是集展览、会议、贸易、金融、娱乐为一体的具有国际一流水平的现代化建筑。贯穿广场南北的中央长廊，建有喷泉水景大道。整个广场绿草茵茵，每隔20米的航标石柱灯一线排开直通大海，典雅质朴，宁静致远。

中心广场面积4.5万平方米，这是一个纪念香港回归的工程。广场中心全国最大的汉白玉华表，高19.97米，直径1.997米。华表底座附有八条龙，柱身雕着一条龙，九条龙寓意中国九州。华表顶端坐着金光闪闪的望天吼，高2.3米。围绕华表的的汉白玉柱高12.34米，各自托起的是一盏宫灯。广场中心仿效北京天坛圜丘的设计，由999块四川红大理石铺成，大理石上刻着天干地支、24节气和12生肖，站在自己的生肖上摄影，可以带来好运。广场内圆直径199.9米，外圆直径239.9米，寓意2399年大连将迎来建市500周年。在1999年添加了书页建筑和脚印等雕塑。

环绕广场周围的是大型音乐喷泉，从广场中央大道中心点北行500米是会展中心，南行500米是蓝色的大海，中央大道红砖铺地，两侧绿草如海。星海广场背倚都市，面临海洋，令人倍感心旷神怡。

亚洲最大的城市广场，为纪念香港回归而建。广场上的汉白玉华表雕有九条龙，寓意九州。广场中心仿效北京天坛圜丘，由999块四川红大理石铺就，大理石上雕刻着天干地支、二十四节气和十二生肖。广场四周的9只大鼎上刻有"中华民族大团结万岁"，寓意"一言九鼎"。

图 5-10   第一段文本效果

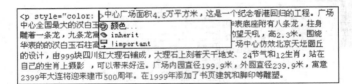

图 5-11   样式提示效果

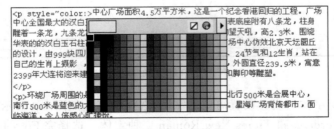

图 5-12   颜色板设置

还可以直接在冒号后面输入颜色值，如 color：#660002。

第二段 CSS 代码设置如下：

```
<p style="color:#660002; text-transform: none; font-variant: normal; font-
```

weight: normal; line-height: 1.5em; font-style: normal; font-size: 12px; font
-family: '宋体', Verdana, 'Times New Roman';">中心广场面积 4.5 万平方米,这是一个
纪念香港回归的工程。……在 1999 年添加了书页建筑和脚印等雕塑。</p>

页面运行效果如图 5-13 所示。

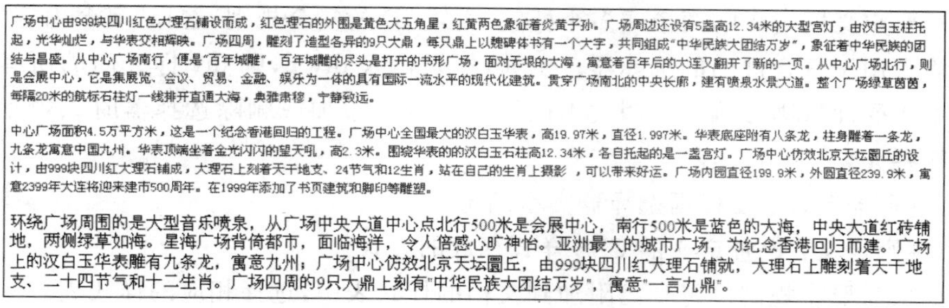

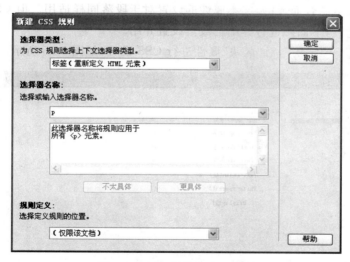

图 5-13　第二段文本运行效果

以上两段文本内容的设置是通过 CSS 选择器中的标签选择器,CSS 设置方法中的行
内式方法。以上两种方式仅对本段落内起作用。

步骤 8　改变标签设置。通过改变标签样式对文本进行修饰,即修改标签样式的方
式对第三段进行设置,对标签新建 CSS 规则。

选择"属性"面板中目标规则中的"＜新建 CSS 规则＞"→"编辑规则"后,出现图 5-14
所示对话框。

图 5-14　新建标签的 CSS 规则

(1) 选择器类型:指定要创建的 CSS 规则的选择器类型,共有 4 种方式:

- 创建一个可作为 class 属性应用于任何 HTML 元素的自定义样式。从"选择
  器类型"弹出菜单中选择"类"选项,然后在"选择器名称"文本框中输入样式
  的名称。
- 定义包含特定 ID 属性的标签格式。从"选择器类型"弹出菜单中选择 ID 选项,然

后在"选择器名称"文本框中输入唯一 ID(例如,containerDIV)。

- 重新定义特定 HTML 标签的默认格式。从"选择器类型"弹出菜单中选择"标签"选项,然后在"选择器名称"文本框中输入 HTML 标签或从弹出菜单中选择一个标签。

- 若要定义同时影响两个或多个标签、类或 ID 的复合规则,选择"复合内容"选项并输入用于复合规则的选择器。例如,如果输入 div p,则 div 标签内的所有 p 元素都将受此规则影响。说明文本区域准确说明添加或删除选择器时该规则将影响哪些元素。

(2) 选择器名称:要根据选择器类型确定。

(3) 规则定义:设置定义的 CSS 样式存放的方式。

- 如果需要将规则放置到已附加到文档的样式表中,选择相应的样式表。
- 如果需要创建外部样式表,选择"新建样式表文件"。
- 如果需要在当前文档中嵌入样式,选择"仅对该文档"。

提示: 类名称必须以点开头,并且可以包含任何字母和数字组合(例如.myhead1)。如果没有输入开头的点,Dreamweaver 将自动输入。ID 必须以井号(♯)开头,并且可以包含任何字母和数字组合(例如♯myID1)。如果没有输入开头的井号,Dreamweaver 将自动输入。

步骤 9 应用 CSS 设置文本段落首行缩进。

段落是由文本组合而成的,文本属性的设置对于段落同样适用。但 CSS 对段落也提供了多种属性设置,下面将进行详细的段落设置介绍。

单击"分类"→"区块",对"区块"属性进行 CSS 设置,如图 5-15 所示。

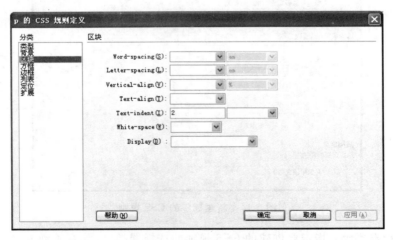

图 5-15　p 的 CSS 规则定义

属性窗口说明如下:

- Word-spacing:增加或减少单词间的空白。
- Letter-spacing:设置字符之间的空白。

- Vertical-align：设置元素的垂直对齐方式。
- Text-align：规定元素中文本的水平对齐方式。
- Text-indent：规定文本块中首行文本的缩进，允许使用负值。
- White-space：设置元素内的空白。
- Display：规定元素应该生成的框的类型。

段落的首行缩进通过 Text-align 属性进行设置，生成的效果图如图 5-16 所示。

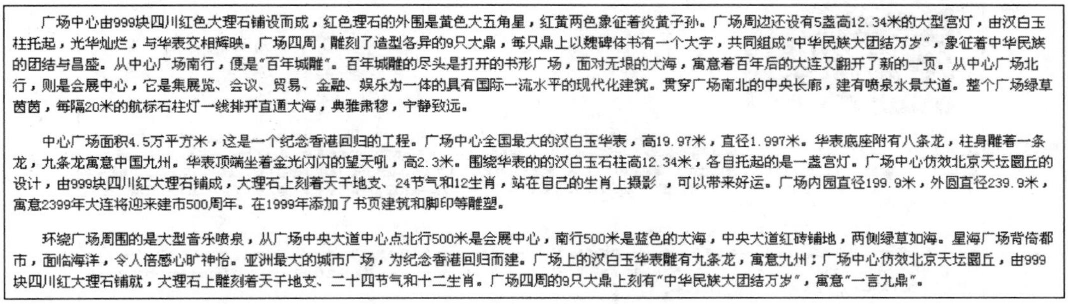

广场中心由999块四川红色大理石铺设而成，红色理石的外围是黄色大五角星，红黄两色象征着炎黄子孙。广场周边还设有5盏高12.34米的大型宫灯，由汉白玉柱托起来，光华灿烂，与华表交相辉映。广场四周，雕刻了造型各异的9只大鼎，每只鼎上以魏碑体书有一个大字，共同组成"中华民族大团结万岁"，象征着中华民族的团结与昌盛。从中心广场南行，便是"百年城雕"。百年城雕的尽头是打开的书形广场，面对无垠的大海，寓意着百年后的大连又翻开了新的一页。从中心广场北行，则是会展中心，它是集展览、会议、贸易、金融、娱乐为一体的具有国际一流水平的现代化建筑。贯穿广场南北的中央长廊，建有喷泉水景大道。整个广场绿草茵茵，每隔20米的航标石柱灯一线排开直通大海，典雅肃穆，宁静致远。

中心广场面积4.5万平方米，这是一个纪念香港回归的工程。广场中心全国最大的汉白玉华表，高19.97米，直径1.997米。华表底座附有八条龙，柱身雕着一条龙，九条龙寓意中国九州。华表顶端坐着金光闪闪的望天吼，高2.3米。围绕华表的汉白玉石柱高12.34米，各自托起的是一盏宫灯。广场中心仿效北京天坛圜丘的设计，由999块四川红大理石铺成，大理石上刻着天干地支、24节气和12生肖，站在自己的生肖上摄影，可以带来好运。广场内园直径199.9米，外圆直径239.9米，寓意2399年大连将迎来建市500周年。在1999年添加了书页建筑和脚印等雕塑。

环绕广场周围的是大型音乐喷泉，从广场中央大道中心点北行500米是会展中心，南行500米是蓝色的大海，中央大道红砖铺地，两侧绿草如海。星海广场背倚都市，面临海洋，令人倍感心旷神怡。亚洲最大的城市广场，为纪念香港回归而建。广场上的汉白玉华表雕有九条龙，寓意九州；广场中心仿效北京天坛圜丘，由999块四川红大理石铺设就，大理石上雕刻着天干地支、二十四节气和十二生肖。广场四周的9只大鼎上刻着"中华民族大团结万岁"，寓意"一言九鼎"。

图 5-16　整段文本运行效果

CSS 设置语句如下：

```
<style type="text/CSS">
p {
    font-family: "宋体", Verdana, "Times New Roman";
    font-size: 12px;
    font-style: normal;
    line-height: 1.5em;
    font-weight: normal;
    font-variant: normal;
    text-transform: none;
    color: #660002;
    letter-spacing: normal;
    text-align: left;
    text-indent: 2em;
    word-spacing: normal;
    white-space: normal;
}
</style>
```

5.2.2　利用类选择器修饰图像

本节介绍 CSS 设置图像风格样式的方法，包括图像的边框、图文混合排列等，并通过实例综合文本、图像的各种运用。

在 HTML 中可以直接通过＜img＞标签的 border 属性值为图像添加边框,从而控制边框的粗细,当设置该值为 0 时,则显示为没有边框。在 CSS 中可以通过 border 属性为图像添加各式各样的边框,border-style 定义边框的样式,如虚线、实线和点划线等。

步骤 1 插入图像。插入图像后的效果如图 5-17 所示。

图 5-17 插入图像

步骤 2 对图像方框进行 CSS 设置。新建 CSS 规则,选择器类型选择"复合内容",选择器名称输入 img.bd1,规则定义为"仅限该文档",单击"确定"按钮后,出现如图 5-18 所示的对话框,进行如下设置。

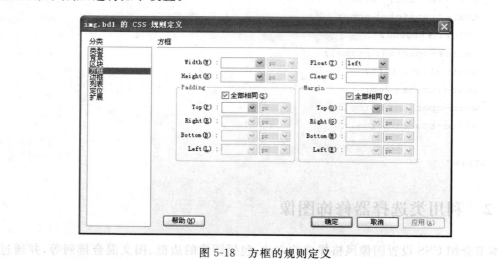

图 5-18 方框的规则定义

- Width/Height：设置元素的宽度和高度。
- Float：设置其他元素(如文本、AP Div 和表格等)在围绕元素的哪个边浮动，其他元素按通常的方式环绕在浮动元素的周围。
- Clear：清除定义不允许 AP 元素的边。如果清除边上出现 AP 元素，则带清除设置的元素将移到该元素的下方。
- 全部相同：应用此属性的元素的"上"、"右"、"下"和"左"都设置相同的内边距属性。
- Padding：设置所有内边距属性。
- Margin：指定一个元素的边框与另一个元素之间的间距。仅当该属性应用于块级元素时，Dreamweaver 才会在"文档窗口"中显示它。取消选择"全部相同"可设置元素各个边的边距。

步骤 3 边框设置。对图像边框的样式、宽度和颜色进行设置，如图 5-19 所示。

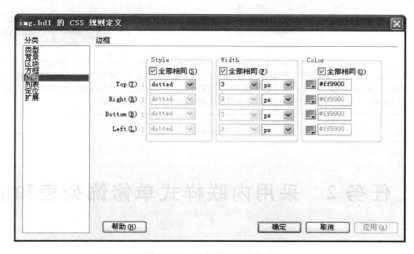

图 5-19　边框的规则定义

- Style：设置边框的样式外观。
- Width：设置元素边框的粗细。
- Color：设置边框的颜色。

步骤 4 华表图修饰。对图 5-17 中华表图的属性设置跟上面的中心广场图同样，只是将 Float 设置为 right，执行的效果如图 5-20 所示。

具体 CSS 程序代码如下：

```
img.bd1 {                        /*图 5-20 中的广场中心图 CSS 设置*/
     float: left;
     border: 3px dotted #ff9900;
}
img.bd2 {                        /*图 5-20 中的白玉华表图 CSS 设置*/
     float: right;
```

```
        border: 3px dotted #ff9900;
    }
```

广场中心由999块四川红色大理石铺设而成，红色理石的外围是黄色大五角星，红黄两色象征着炎黄子孙。广场周边还设有5盏高12.34米的大型宫灯，由汉白玉柱托起，光华灿烂，与华表交相辉映。广场四周，雕刻了造型各异的9只大鼎，每只鼎上以魏碑体书有一个大字，共同组成"中华民族大团结万岁"，象征着中华民族的团结与昌盛。从中心广场南行，便是"百年城雕"。百年城雕的尽头是打开的书形广场，面对无垠的大海，寓意着百年后的大连又翻开了新的一页。从中心广场北行，则是会展中心，它是集展览、会议、贸易、金融、娱乐为一体的具有国际一流水平的现代化建筑。贯穿广场南北的中央长廊，建有喷泉水景大道。整个广场绿草茵茵，每隔20米的航标石柱灯一线排开直通大海，典雅肃穆，宁静致远。

中心广场面积4.5万平方米，这是一个纪念香港回归的工程。广场中心全国最大的汉白玉华表，高19.97米，直径1.997米。华表底座附有八条龙，柱身雕着一条龙，九条龙寓意中国九州。华表顶端坐着金光闪闪的望天吼，高2.3米。围绕华表的的汉白玉石柱高12.34米，各自托起的是一盏宫灯。广场中心仿效北京天坛圜丘的设计，由999块四川红大理石铺成，大理石上刻着天干地支、24节气和12生肖，站在自己的生肖上摄影，可以带来好运。广场内园直径199.9米，外圆直径239.9米，寓意2399年大连将迎来建市500周年。在1999年添加了书页建筑和脚印等雕塑。

环绕广场周围的是大型音乐喷泉，从广场中央大道中心点北行500米是会展中心，南行500米是蓝色的大海，中央大道红砖铺地，两侧绿草如海。星海广场背椅都市，面临海洋，令人倍感心旷神怡。亚洲最大的城市广场，为纪念香港回归而建。广场上的汉白玉华表雕有九条龙，寓意九州；广场中心仿效北京天坛圜丘，由999块四川红大理石铺就，大理石上雕刻着天干地支、二十四节气和十二生肖。广场四周的9只大鼎上刻有"中华民族大团结万岁"，寓意"一言九鼎"。

图 5-20　页面运行效果

5.3　任务 2　采用内联样式单修饰列表和链接

目的

能够使用内联式样式单修饰文本列表和链接，掌握 ID 选择器以及复合内容选择器的使用方法。

要点

（1）内联式样式单是修饰网页内容风格常用的一种方法，作用范围仅限于所嵌入的网页本身，可以结合类选择器、标签选择器以及 ID 选择器等 CSS 规则定义形式使用。

（2）本节使用标签的复合内容选择器修饰文本链接初始、激活时不同状态下的显示风格，注意理解其含义。

本节的主要任务是修饰首页中以列表形式显示的文本链接的风格，采用基于内嵌形式 CSS，并结合 ID 选择器和复合内容选择器，实现效果如图 5-21 左侧虚线矩形框所示。

图 5-21　内联样式单修饰列表和链接设计效果

采用 CSS 进行修饰前,热门景点链接以列表形式显示,浏览器默认效果如图 5-22 所示。

此部分 HTML 代码如下:

```
<ul>
    <li><a href="attractions/BxSdIntro.html" target=
    "_blank">本溪水洞</a></li>
    <li><a href="attractions/DlSyIntro.html" target=
    "_blank">大连圣亚海洋世界</a></li>
    ⋮
    <li><a href=" attractions/PjSdIntro.html" target
    ="_blank">盘锦国际湿地旅游</a></li>
</ul>
```

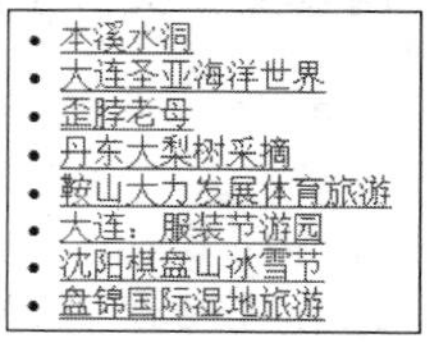

图 5-22　首页局部未修
　　　　　饰前显示效果

5.3.1　利用 ID 选择器修饰列表

步骤 1　新建 ID 选择器。选中要修饰的文本链接列表,在"属性"面板中选择 CSS,在目标规则下拉列表中选取"新建 CSS 规则",单击"编辑 CSS 规则"按钮。

步骤 2　为 ID 选择器命名。在打开的"新建 CSS 规则"对话框中,选择器类型设置为"ID"选择器名称设置为 LinkList,规则定义选择"仅限该文档"。

步骤 3　设置字体 CSS 规则。在打开的"CSS 规则定义"对话框中,选择分类为"类型",设置 Font-size 为 14px,Line-height 为 25px,color 为 #666。

步骤 4　设置列表 CSS 规则。在"CSS 规则定义"对话框中,选择分类为"列表",进行图 5-23 所示的设置,单击"确定"按钮,完成修饰。

- list-style-type:设置列表项标签的类型。
- list-style-image:使用图像来替换列表项的标签。

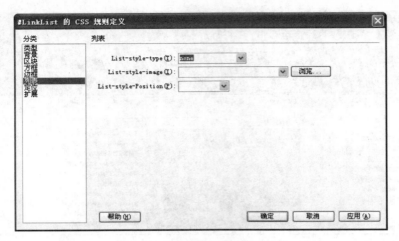

图 5-23　ID选择器列表样式设置

- list-style-position：设置放置列表项标签的位置。

完成上述设置后，显示效果如图 5-24 所示。

网页文档头部生成内联式 CSS 规则的代码，如下所示：

图 5-24　修饰列表后页
面显示效果

```
<head>
⋮
<style type="text/css">
#LinkList {
    font-size: 14px;
    line-height: 25px;
    color: #666;
    list-style-type: none;
}
</style>
⋮
</head>
```

其中：

- ＜style＞＜/style＞：内嵌式 CSS 规则定义标签。
- ♯Linklist：ID选择器的名称。
- font-size：字体规格属性。
- line-height：行高属性。
- color：字体颜色属性。
- list-style-type：列表风格类型属性。

同时，文本链接列表＜ul＞标签代码更新如下所示：

```
<ul id="LinkList">
⋮
</ul>
```

id 为所属 HTML 标签应用的 CSS 规则唯一标识。

5.3.2　利用标签选择器和复合内容选择器修饰链接

本小节以标签选择器和复合内容选择器的形式定义 CSS 规则来控制链接的显示风格。链接标签的复合内容选择器包括：

- a:link：未访问链接样式。对应 body 标签的 link 属性。
- a:visited：已访问链接样式。对应 body 标签的 vlink 属性。
- a:active：激活时(链接获得焦点时)链接样式。对应 body 标签的 alink 属性。
- a:hover：鼠标移到链接上时的样式。

一般 a:hover 和 a:visited 链接的状态(颜色、下划线等)应该是相同的。

4 个"状态"的先后过程是 a:link→a:hover→a:active→a:visited。

步骤 1　新建标签选择器。将标签 a 的显示颜色设置为♯666，并取消下划线修饰。经过此步操作，在<style></style>标签内部生成代码如下：

```
a {
    color: #666;
    text-decoration: none;
}
```

其中：

- color：标签 a 修饰链接的颜色。
- text-decoration：链接的文本是否具有下划线等修饰。

此时，文本链接显示效果如图 5-25 所示。

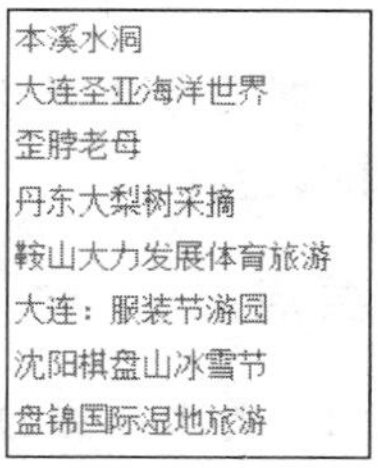

本溪水洞
大连圣亚海洋世界
歪脖老母
丹东大梨树采摘
鞍山大力发展体育旅游
大连：服装节游园
沈阳棋盘山冰雪节
盘锦国际湿地旅游

图 5-25　修饰链接后页面显示效果

步骤 2　新建复合内容选择器。选中要修饰的文本链接列表，在"属性"面板中选择 CSS，在目标规则下拉列表中选取"新建 CSS 规则"，单击"编辑 CSS 规则"按钮。

步骤 3　设置复合选择器修饰 a:hover。在打开的"新建 CSS 规则"对话框中设置选择器类型为"复合内容(基于选择的内容)"，选择器名称设置为 a:hover。

小技巧：如果对 CSS 的代码已经比较熟悉，可以通过在<style></style>标签中输入 a:hover 后，在 Dreamweaver 的界面显示的代码提示下完成此操作。

步骤 4　设置复合选择器的样式规则。在打开的"CSS 规则定义"对话框中，颜色设置为 red，并取消下划线修饰。

步骤 5　设置复合选择器修饰 a:active。重复步骤 2~4，对鼠标激活文本链接时的显示样式进行如下设置：颜色设置为 red，取消下划线修饰，同时设置字体大小为 12pt。

步骤 6　设置复合选择器修饰 a:visited。重复步骤 2~4，对访问过的文本链接显示样式进行如下设置：颜色设置为♯666，取消下划线修饰。

生成代码如下：

```
a:visited{
```

```
        color:#666
}
a:hover {
        color:red;
        text-decoration:none
}
a:active{
        color:red;
        text-decoration:none;
        font-size:12px;
}
```

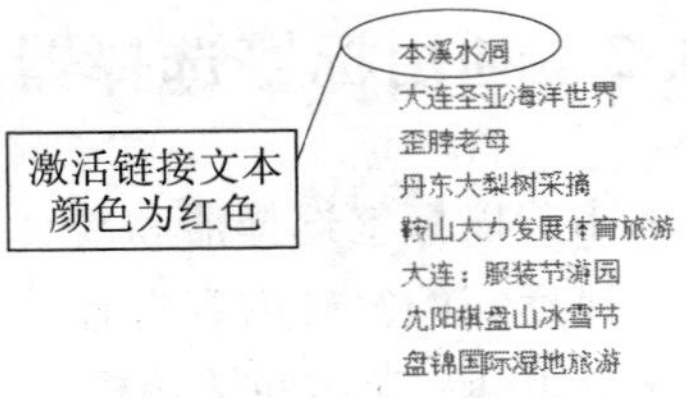

图 5-26　修饰链接后页
面显示效果

完成上述设置后,文本链接显示效果如图 5-26 所示。

5.4　任务 3　采用链接式修饰风光图像表格

目的

掌握类选择器及其应用与设置方法,掌握外部 CSS 样式文件的链接方式,掌握表格样式的设置。

要点

(1)类选择器的设置方法。

(2)外部链接样式表的创建与调用。

本节的主要任务是以链接式 CSS 采用类选择器修饰首页中风光图像部分的表格,实现效果如图 5-27 所示。

风光图像部分采用了表格进行布局,此处内表格的边框宽度设置为 0,采用 CSS 进行修饰前,浏览器默认效果如图 5-28 所示。

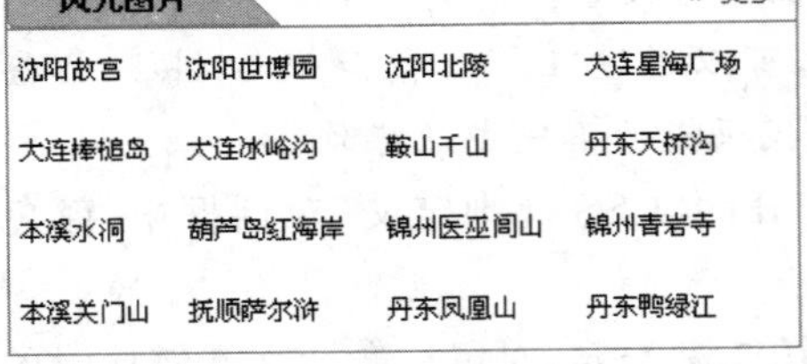

图 5-27　风光图像运行效果

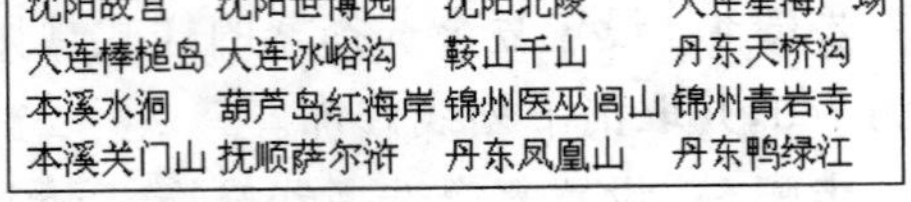

图 5-28　未修饰前显示效果

此部分 HTML 代码如下所示:

```
<table>
    <tr>
        <td>沈阳故宫</td>
```

```
      <td>沈阳世博园</td>
      <td>沈阳北陵</td>
      <td>大连星海广场</td>
   </tr>
   ⋮
   <tr>
      <td>本溪关门山</td>
      <td>抚顺萨尔浒</td>
      <td>丹东凤凰山</td>
      <td>丹东鸭绿江</td>
   </tr>
</table>
```

5.4.1 利用类选择器修饰表格

步骤 1 表格边框的设置。新建类样式规则,建立外部样式文件,生成新的 CSS 样式文件,取名为 table.css。建立外部样式文件的方式有多种,可以通过选择"文件"→"新建"CSS 文件的方式进行外部 CSS 文件的创建,也可以通过在目标规则中选择"＜新 CSS 规则＞"→"编辑规则",在弹出的窗口中,将"选择器类型"设为"类",将"选择器名称"设为.tal,将"规范定义"设置为"(新建样式表文件)"。

步骤 2 外部样式文件的保存。单击"确定"按钮后,弹出"将样式文件另存为"对话框,文件名取为 table.css,然后双击 common 文件夹,将样式文件保存到该文件夹下,如图 5-29 所示。

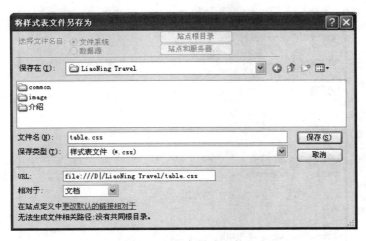

图 5-29 保存样式文件

步骤 3 CSS 规则定义。区块样式设置,单击"区块"选项,将 text-align 选定为 left。单击"方框"选项,进行样式设置。

步骤 4 边框样式设置。单击"边框"选项,对"边框"样式进行设置。单击"定位"选项,将 width 设定为 350 px,hight 设定为 152px,单击"确定"按钮,完成对表格的 CSS 设置。

图 5-30 属性面板效果

步骤 5 外部文件的引用。外部样式表创建并设置完成后,引用外部样式文件。

步骤 6 附加样式表。首先选中要进行设置的页面元素,然后单击"属性"面板中的附加样式表,如图 5-30 所示。

步骤 7 查找外部样式文件,出现"链接外部样式表"对话框,如图 5-31 所示。

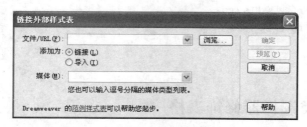

图 5-31 链接外部样式表文件查找

- 文件/URL:文件的存放位置。
- 添加为:"链接"和"导入"两种方式。链接也就是在<head>与</head>标签之间加入一个<link>标签;导入是在内部样式表的<style></style>标签之间导入一个外部样式表,导入时用@import。
- 媒体:指定媒体类型。允许的值有 screen(默认值),提交到计算机屏幕;print,输出到打印机等。

单击"浏览"按钮,弹出"选择样式表文件"对话框,如图 5-32 所示。

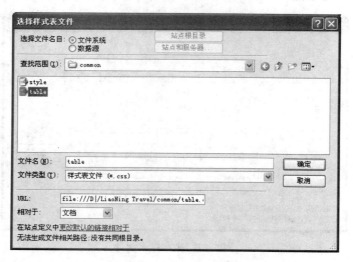

图 5-32 选择样式表文件

步骤 8 选择外部样式表文件。

选择 table 样式文件后单击"确定"按钮,返回"链接外部样式表"对话框,单击"确定"

按钮。此时观察代码的变化,在头文件中多出一行代码＜link href＝"table.css" rel＝"stylesheet"type＝"text/css" /＞,如图5-33所示。

```
<head>
<meta http-equiv="Content-Type" content="text/html; charset=utf-8" />
<title>无标题文档</title>
<link href="table.css" rel="stylesheet" type="text/css" />
</head>
```

图 5-33　头文件中的外部链接文件

此时还未能对页面元素进行设置,如果应用到页面元素上,应在"属性"面板的"类"下拉列表中选择外部样式文件中的类选择器,如图5-34所示。

外部链接文件中的 CSS 代码如下所示:

```
.tb1 {
    font-family: "宋体", Verdana, "Times New Roman";
    font-size: 12px;
    color: #000;
    text-align: left;
    line-height: 1.5em;
    width: 350px;
    margin: auto;
    border: 1px solid #f90;
    height: 152px;
}
```

程序的运行结果如图5-35所示。

图 5-34　属性面板类选择

图 5-35　运行效果图

5.4.2　利用类选择器美化表格

为了使表格看起来更为精致,对5.4.1节的表格继续修饰,实现隔行变色的效果,使得奇数行和偶数行的背景颜色不一样。

步骤 1　设置表格的行背景色,在"属性"面板的"目标规则"下拉列表中选择"(新建CSS 规则)"→"编辑规则",选择器类型选择"标签",选择器名称为 tr,规则定义为之前定义好的外部文件 table,单击"确定"按钮,打开 tr 的 CSS 规则定义对话框,将"分类"→"背景"中的 background-color 设置为♯CCC。

步骤 2　单元格的内边距和边框属性设置,实现立体效果。在"属性"面板的"目标规

则"下拉列表中选择"(新建 CSS 规则)"→"编辑规则",选择器类型选择"标签",选择器名

称为 td,规则定义为之前定义好的外部文件 table,单击"确定"按钮,打开 tr 的 CSS 规则定义对话框,将"分类"→"方框"中的 padding 设置为 5px,将"分类"→"边框"中的 style 设置为 solid,将 width 设置为 2px, color 设置为 #EEE,将 border-bottom-color 和 border-right-color 设置为 #666,此时的效果如图 5-36 所示。

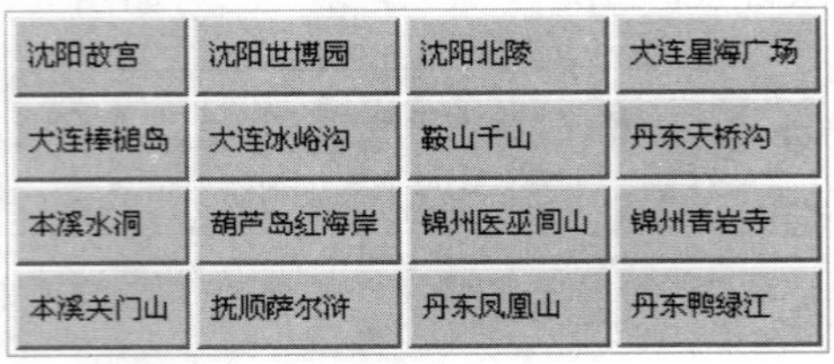

图 5-36　内外边框设置运行效果

步骤 3　斑马纹效果设置。使表格内容的背景色深浅交替,实现隔行变色,这种效果称为"斑马纹效果"。在 CSS 中实现斑马纹的方法十分简单,只要给偶数行的<tr>标签都添加上相应的类型,然后对其进行 CSS 设置即可。

新建 CSS 规则,定义为.even,设置.even 与奇数行单元格的样式不同,设置其 background-color 为 #AAA。然后给所有偶数行的<tr>标签增加一个 even 类别,如图 5-37 所示。

这里交替的两种颜色不但可以使表格更美观,同时在表格行列很多的情况下,用户不容易错行,此时运行效果如图 5-38 所示。

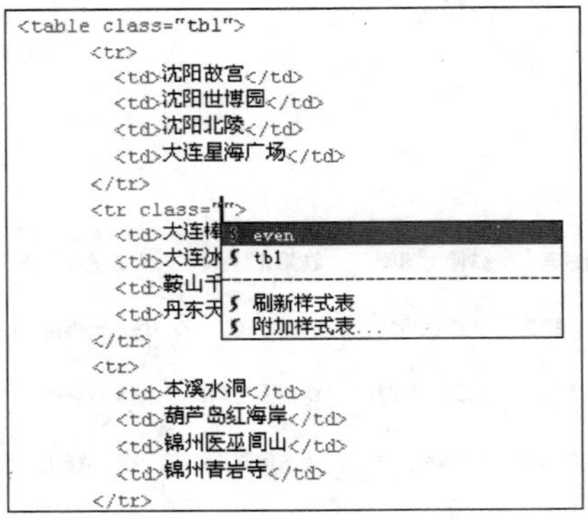

图 5-37　添加偶数行类

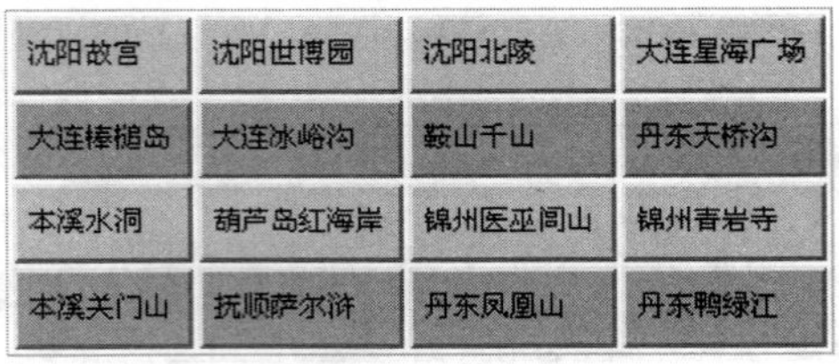

图 5-38　斑马纹效果

```
.even {
    background-color: #F00;
}
tr {
    background-color: #CCC;
}
td {
    padding: 5px;
    border-top-width: 2px;
    border-right-width: 2px;
    border-bottom-width: 2px;
```

```
    border-left-width: 2px;
    border-top-style: solid;
    border-right-style: solid;
    border-bottom-style: solid;
    border-left-style: solid;
    border-top-color: #eee;
    border-right-color: #666;
    border-bottom-color: #666;
    border-left-color: #eee;
}
.tb1 tr.even {
    background-color: #AAA;
}
```

5.5　div＋CSS 布局

目的

了解 div＋CSS 在网页布局中的应用,掌握 div 结合 CSS 对网页进行布局设计。

要点

(1) 使用 CSS 对多个 div 版块设置相同的外观风格。

(2) div 元素是用来为 HTML 文档内区块的内容提供结构和背景的元素。div 的起始标签和结束标签之间的所有内容构成一个区块,其中所包含元素的特性由 div 标签的属性控制,或者由这个 div 的层叠样式表来控制。

(3) div＋CSS 是一种网页的布局方法,这种网页布局方法有别于传统的 HTML 网页设计语言中的表格(table)定位方式,可实现网页页面内容与表现相分离。

5.5.1　div 与 CSS 的布局概述

div 表示网页页面中一块可显示 HTML 的区域,可以用来定义文档中的分区或者分节(division/section)。div 可以用做严格的组织工具,并且不使用任何格式与其关联。div 与 CSS 联合使用可以完成较为复杂和精确的布局设计,也是网页布局设计的一个重要内容。采用 div 与 CSS 布局有如下特点:

(1) 加快网页浏览速度。

由于采用 CSS 的设计方法将网页内容代码和页面装饰代码分开,在网上传输网页的时候,用户浏览器可以逐层打开网页,缩短了用户浏览网页内容的时间。

(2) 应用高效性。

由于使用了 div＋CSS 制作方法,根据区域内容标签,到 CSS 里找到相应的 ID,使得修改页面的时候更加方便,也不会破坏页面其他部分的布局样式,这样在修改页面的时候更加省时。

(3) 视觉的一致性。

div+CSS 最重要的优势之一是保持视觉的一致性。以往表格嵌套的制作方法会使得页面之间,或者版块区域之间的显示效果有所偏差,这些都是由于布局不能精确定位的结果。而使用 div+CSS 进行布局设计,将使所有页面或区域用统一的 CSS 样式控制,避免了因为应用区域不同而出现的装饰效果偏差。

(4) 广泛的适用性。

多数的浏览器都支持 div,这使得 div+CSS 在这方面更具优势,即使在不同的浏览器下浏览同一个网页,也可以获得相同的网页布局。

5.5.2　任务 4　利用 div 与 CSS 设计栏目版块布局

以"辽宁风景旅游"首页中的版块为例,设计以 div 与 CSS 结合的布局版块,如图 5-39的内容共有 4 个栏目版块。分析版块布局结构,可以发现这些栏目的特征是框内的文字和图像等内容不相同;栏目版块的外观风格是一致的。以其中任何栏目版块一个为设计目标,完成 CSS 的设计任务,并可以将完成的 CSS 样式应用到其他的 div。

图 5-39　利用 CSS 与 div 布局的样图

步骤 1　新建网页文件。打开 Dreamweaver CS5,在菜单栏中选择"文件"→"新建"命令,在出现的"新建窗口"中选择"空白页"→HTML,保存网页文件并命名为 IndexCSS.html。

步骤 2　插入 div。打开 Dreamweaver CS5,在菜单栏中选择"插入"→"布局对象"→"Div 标签"命令,如图 5-40 所示。

步骤 3　选择插入点。在插入 div 时会有选择插入点提示,可以选择的位置有"在插入点"、"在开始标签之后"和"在开始标签之前"。为了区分每一个 div 的用途,还需要给div 设置"类"和 ID 属性。以下设置"类"为 content_div,ID 命名为 pic_txt,如图 5-41所示。

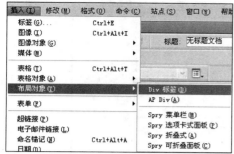

图 5-40　利用菜单插入 div

图 5-41　div 的属性设置

步骤 4　新建 CSS 规则。如图 5-41 所示,在"插入 Div 标签"对话框中单击"新建 CSS 规则"按钮,出现"新建 CSS 规则"对话框,设置结果如图 5-42 所示,然后单击"确定"按钮。

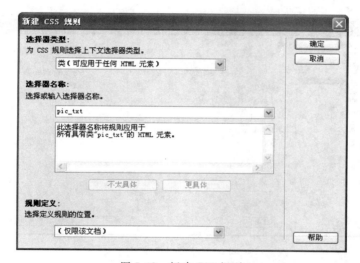

图 5-42　新建 CSS 规则

步骤 5　设置 div 的大小。在弹出的窗口中设置 CSS 属性,选择"分类"中的"方框",如图 5-43 所示。

步骤 6　定义 div 边框规则,如图 5-44 所示。

完成插入后 div 的外观如图 5-45 所示,对应的 CSS 代码如下:

```
.pic_txt {
    float: none;
    height: 220px;
    width: 360px;
    border: 1px solid #C90;
}
```

步骤 7　插入标题栏 div 并设置样式。清除 div 中的提示信息,按照以上步骤,在当

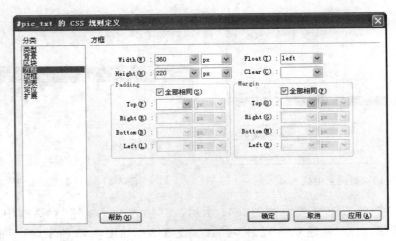

图 5-43　CSS 的方框规则定义

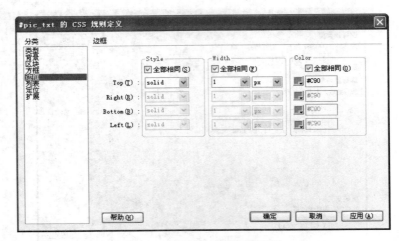

图 5-44　CSS 的边框规则定义

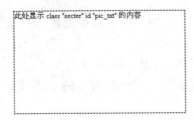

图 5-45　设计阶段的 div 外观

前 div 中插入新的 div 作为标题栏,并为标题栏设置样式,命名为 title。CSS 代码如下:

```
.title {
line-height: 25px;
    height: 25px;
```

```
    border-bottom-width: 1px;
    border-bottom-style: solid;
    border-bottom-color: #f90;
    background-attachment: scroll;
    background-repeat: no-repeat;
    background-position: left top;
}
```

设置后的 div 为嵌套结构,效果如图 5-46
所示。

图 5-46　结合 CSS 的 div 嵌套布局效果

　　步骤 8　在标题栏内插入分块 div。在标题栏内添加两个 div 区块,一个作为左标题,为其添加背景图像,并输入标题文字,设置样式,命名类为 title_left;另一个作为右标题,输入"＞＞更多"。下面是左标题的 CSS 样式代码:

```
.title_left {
    background-image: url(common/title_bg.png);
    float: left;
    height: 25px;
    width: 300px;
    background-repeat: no-repeat;
    font-size: 14px;
    font: bold;
}
```

　　提示:在选取背景图像时,图像的高度应该参照标题栏的高度,如果不符合要求,可以进行适当的裁剪。

　　步骤 9　对右侧的标题栏样式进行设置,CSS 代码如下:

```
.title_right {
    font-size: 12px;
    color: #666;
    float: right;
    height: 25px;
    width: 56px;
}
```

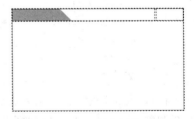

图 5-47　结合 CSS 的嵌套标题 div

完成后的设计结果如图 5-47 所示。

　　提示:只有设置 float 的属性才能让 div 在同行排列布局,否则 div 本身具有的自动换行特点会使多个 div 按照换行的形式进行布局。

　　步骤 10　插入左标题文字。在左标题 div 内插入文字"栏目名称",为左标题文字内容设置样式。设置完成的 CSS 代码如下:

```
.title_txt {
    font-size:14px;
    font:bold;
```

```
    color:#900;
    padding-top:4px;
    padding-left:20px;
    height: 13px;
    width: 92px;
    top: 17px;
    left: 13px;
    visibility: inherit;
}
```

步骤 11 插入右标题文字。在标题栏右侧的 div 中插入"＞＞更多",并设计如下 CSS 代码,设计后的 div 效果如图 5-48 所示。

```
.more_txt {
    padding-right: 8px;
    float: right;
    padding-top: 6px;
}
```

图 5-48　CSS+div 设计的栏目框架

提示:为了让文字与边框的距离合适,需要通过计算来布置文字的位置,例如以上的标题文字是 14px,而 div 框的高度是 25px,这样可以设置文字与上边框的距离为 6px。

至此,对整个栏目的外观 CSS 的设计已经完成,其中的 div 所对应的 HTML 代码如下所示:

```
<body>
    <div class="pic_txt" id="pic_txt">
    <div class="title">
        <div class="title_left" id="title_left">栏目名称</div>
        <div class="title_right" id="title_right">&gt;&gt;更多</div>
    </div>
    </div>
</body>
```

在以上 CSS 完成后,插入新的 div 设计栏目版块时,只要选择相应的 CSS 样式,不必重新调整 div 外观,即可出现图 5-39 所示的效果,节约了设计时间,同时也统一了版块布局风格。

5.6　思考与练习

(1) 什么是 CSS?

(2) 简要说明 CSS 的构造规则。

(3) 常用的 CSS 选择器有哪些? 简要说明其结构。

（4）进行 CSS 设置的常用方法有哪些？简要说明各自的用法。

（5）div+CSS 布局的网页比表格布局速度快是什么原因？

（6）上机实践：完成图 5-49 中的"热点线路"和"本季主题"栏目的设计。"热点线路"主要练习图文混排的 CSS 设置，"本季主题"主要练习表格的 CSS 设置。

图 5-49　热点线路和本季主题栏目页面

第6章

表　单

6.1　表　单　概　述

目的

掌握表单的概念,了解表单的功能,熟练掌握表单的元素类型,能够根据信息处理功能需要,熟练进行表单页面设计。

要点

(1) 表单的主要功能是收集用户信息,是网页用户与网站交互的重要途径,因此要重点理解表单的含义。

(2) 不同类型的表单元素所提供的交互功能是不同的,因此要掌握常见的表单元素类型,并根据页面功能需要进行选取。

网站建立以后,为了吸引更多的用户,网站管理者需要不断地从用户那里得到信息,并经常与用户进行交互。例如,可以询问用户的名称、电子邮件以及个人爱好等多种信息,通过提供用户调查表或者让用户留言以提供对网站的反馈意见。

表单是用户与网站管理者进行交互的主要窗口,Web 管理者和用户之间可以通过表单进行信息交流。表单可以说是一个容器,里面可以容纳多种类型元素,由功能不同的元素来实际完成用户信息的接收。

具备数据采集功能的表单由如下三个基本部分组成:

(1) 表单域:用于容纳表单元素,并设置处理表单数据所用程序的 URL 以及数据提交到服务器的方法。

(2) 表单元素:用于接收显示用户输入的各种组件,常见的表单元素有文本框、单选按钮和复选框等。

(3) 表单按钮:通常包括提交按钮和重置按钮。其中,提交按钮用于将数据传送到服务器上的程序;重置按钮用于取消用户输入。此外,还可以使用普通按钮实现自定义的处理功能。

用户通过 Web 页填好表单信息后,单击“提交”按钮,用户的信息会通过网络送至服务器端,经服务器的应用程序对用户信息处理后,网站管理者及时了解用户所提供的各种信息,同时服务器又会把反馈信息及时传递给浏览用户。

在服务器端,信息处理由 CGI(Common Gate Way Interface)、JSP(Java Server Page)或 ASP(Active Server Page)等应用程序处理。关于服务器端的应用程序,参看第 8 章内容。本章主要结合表单页面中常见的登录、注册以及论坛首页的设计,介绍使用 Dreamweaver 在网页中创建表单对象、插入常见表单元素的方法,以及使用 Dreamweaver 自带的表单检查和 Spry 验证技术检验表单元素内容有效性的方法。

6.2　任务 1　用户登录网页设计

目的

理解表单域的概念,掌握创建表单域的方法,理解文本字段和按钮的功能,掌握创建文本字段和按钮的方法。

要点

(1) 表单域是网页中表单元素必需的基本容器,重点理解表单域的功能与含义。

(2) 文本字段是可以接收一行文本信息的表单元素,也是表单网页中最常见的元素类型之一,熟悉文本字段的功能。

(3) 按钮实现对整个表单的控制,掌握按钮的作用。

本节任务的目标是设计比较简单的登录页面,初步介绍表单设计相关的基本概念,设计效果如图 6-1 所示。

图 6-1　用户登录页面设计效果图　　　　图 6-2　"插入"面板中的"表单"选项卡

6.2.1　创建和编辑表单域

表单域是一个能够包含表单元素的容器,表单元素是能够让用户在表单中输入信息的元素。在插入表单元素之前,首先应插入表单域。使用 Dreamweaver 可以创建各种表单元素,例如文本字段、单选按钮组、按钮和复选框组等。在 Dreamweaver 中采用"插入"面板中的"表单"类别即可插入表单域和各种表单元素,如图 6-2 所示。

步骤 1　创建网页。在 Dreamweaver 中打开 LiaoNing Traval 站点,在 Questions 子目录下新建一个网页文件并命名为 login.html。

步骤 2　插入表单域。将光标放在需要创建表单的位置,单击"插入"面板中"表单"类别中的"表单"按钮,完成插入操作。在网页的"设计"视图下可以看到用红色的虚线框表示表单域,如图 6-3 所示。如果没有看到红色虚线轮廓,可以选择"查看"→"可视化助理"→"不可见元素"命令进行显示设置。

图 6-3　插入表单域设计视图

步骤 3　表单域属性设置。在网页文档中单击表单域轮廓选中表单,在"属性"面板中对其属性进行设置,如图 6-4 所示。

图 6-4　表单域"属性"面板

- 表单名称:表单的名称。
- 动作:指定处理表单信息的服务器端应用程序。
- 方法:指定表单数据传输到服务器的方法,有 GET 和 POST 两项,分别对应不同的表单数据发送方式:
  - GET:将表单数据附加到请求 URL 中发送。
  - POST:将表单数据嵌入到 HTTP 请求中发送。
- 目标:服务器返回反馈数据的显示窗口。
- MIME 类型:指定提交服务器处理数据所使用的 MIME(Multipurpose Internet E-mail Extension,多功能 Internet 邮件扩充服务,用于指定 HTTP 协议传输的数据类型),通常选择 application/x-www-form-urlencoded。

表单域创建编辑后,生成 HTML 代码如下:

```
<form id="login" name="login" method="post" action="" target="_blank">
</form>
```

其中:
- <form> </form>:表单域的 HTML 成对标签。
- id:表单域区别于其他对象的唯一标识。
- name:表单域的名称。
- method:表单提交后发送的方法。
- action:表单提交后发送的 URL 地址。
- target:服务器返回反馈数据的显示窗口。

步骤 4　设置表单元素布局。为了让表单中的元素显示位置更加准确,在建立表单域后,在其中插入表格以便对各种表单元素进行布局,如图 6-5 所示。

图 6-5　登录页面表单布局表格设计

6.2.2 文本字段

文本字段是一个只有一行的文本输入区域,用户可以在其中输入任何数量的字符。它通常用于输入字符较少的文本信息,例如用户姓名、E-mail 地址和用户密码等。本小节在布局表格中上两行第一列输入"用户名"和"密码"提示文本信息后,在第二列分别插入接收用户名和密码输入文本字段,以接收用户登录信息。

步骤 1 插入"用户名"文本字段。在网页文档中将光标移至表格第 1 行第 2 列,单击"插入"面板中"表单"类别中的"文本字段"按钮,在弹出的对话框中按照图 6-6 设置表单元素辅助功能选项后,单击"确定"按钮,完成文本字段的插入。

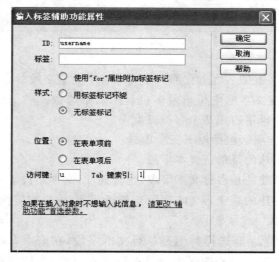

图 6-6 "输入标签辅助功能属性"对话框

- ID:表单元素区别于其他对象的唯一标识。
- 标签:表单对象的标签。
- 样式:可以选择如下三种标签样式。
  - 使用"for"属性附加标签标记:在表单对象两侧添加一对标签标记<label for="textfield "></label>。此选项会使浏览器用焦点矩形呈现与表单对象关联的文本,并使用户能够通过在关联文本中的任意位置(而不仅是在表单对象上)单击进行选择。
  - 用标签标记环绕:在表单项的两边添加一对标签标记<label></label>。
  - 无标签标记:不使用标签标记。

提示:使用 for 属性附加标签标记虽然是输入标签辅助功能的首个选项,但是用户使用的浏览器不同,其功能也可能会有所不同。

- 位置:为标签选择相对于表单对象的位置,"在表单项后"或"在表单项前"。
- 访问键:为表单元素设置等效的键盘键(一个字母),用于在浏览器中选择表单对象,使用 Ctrl 键和快捷键来访问该对象。例如,如果输入 B 作为快捷键,则使用 Ctrl+B 在浏览器中选择该对象。

- Tab 键索引:输入一个数字以指定该表单对象的 Tab 键顺序。当页面上有其他链接和表单对象,并且需要用户用 Tab 键以特定顺序通过这些对象时,设置 Tab 键顺序就会非常有用。如果为一个对象设置 Tab 键顺序,则一定要为所有对象设置 Tab 键顺序。

提示:在本章插入其他类型表单元素时也会出现此对话框,可以进行类似设置。

步骤 2 设置"用户名"文本字段属性。在网页文档中单击所插入的文本字段可以将其选中,在"属性"面板中对其属性进行设置,如图 6-7 所示。

图 6-7 文本字段属性面板

- 文本域:文本字段的名称。在网页中要求每个文本字段都必须有唯一的名称。
- 字符宽度:指定文本框中每行最多可显示的字符数。一个英文字母占用一个字符宽度,而一个汉字占用两个字符宽度。
- 类型:在类型选项区包括以下三个单选项:
  - 单行:表示创建的是单行文本字段。
  - 多行:表示创建的是多行文本字段,选择此项,文本字段等同于文本区域。
  - 密码:表示创建的是密码文本字段。选择此项,用户浏览网页时,在文本字段中输入的字符以"＊"号显示。
- 最大字符数/行数:若选择类型是单行文本字段,在该项右侧文本框中输入单行最多可输入的字符数;若选择类型是多行文本字段,在该项右侧文本框中输入最多输入的行数。
- 初始值:指定浏览器首次载入网页时文本字段中默认显示的内容。在该项右侧的文本框输入初始字符。

步骤 3 创建和编辑"密码"文本字段。重复上述步骤,在布局表格的第 2 行第 2 列插入密码文本字段,并将其类型属性选择为密码,其他属性设置同用户名文本字段。

插入文本字段后,生成 HTML 代码如下:

```
<input name="username" type="text" id=" username" size="20" maxlength="20" />
<input name="password" type="password" id=" password " size="20" maxlength="20" />
```

- <input>:表单元素标签。
- name:表单元素名称。
- type:表单元素的类型,取值为"text"表示元素为普通文本字段,取值为"password"表示元素类型为密码文本字段。
- id:表单元素的唯一标识,默认同 name 属性值。

- size：文本字段的字符宽度。
- maxlength：文本字段的最多字符数。

6.2.3 按钮

在表单中，按钮的作用是控制表单的操作。使用表单按钮可以将表单数据传送给服务器，或者重新设置表单中的内容。因此，按钮对于表单页面而言是必不可少的，尤其是"提交"按钮，起到激活客户端与服务器之间的交互作用。

步骤 1 插入"提交"按钮和"重置"按钮。将光标移至表格的第 3 行第 1 列，单击"插入"面板中"表单"类别中的"按钮"选项，分别插入两个按钮。

步骤 2 "提交"按钮属性设置。选中插入的第一个按钮，进行属性设置，如图 6-8 所示。

图 6-8 "提交"按钮的"属性"面板

- 按钮名称：按钮的名称。
- 类 型：按钮的类型共有以下三种。
  - 提交表单：把表单中的所有内容发送到服务器端的指定应用程序。
  - 重设表单：用户在填写表单的过程中，若希望重新填写，单击使全部表单元素的值还原为初始值。
  - 无：普通按钮，此类按钮没有内在行为，但可以编写脚本语言为其指定动作。
- 值：在文本框中输入按钮上显示的标签文字。

步骤 3 "重置"按钮属性设置。选中插入的第二个按钮，将其动作选择为重设表单。插入并设置"提交"和"重置"按钮后，生成 HTML 代码如下：

```
<input type="submit" name="submmit" id="submmit" value="提交" />
<input type="reset" name="reset" id="reset" value="重置" />
```

- type：取值为 submit 表示元素为"提交"按钮，取值为 reset 表示元素为"重置"按钮。
- value：按钮上显示文本内容。

6.3 任务 2 注册网页设计

目的

掌握单选按钮组、复选框组、选择（列表/菜单）、图像域、文件域和文本区域等表单元素的功能，了解创建这些表单元素的方法。

要点

（1）单选按钮组能够实现用户在一组选项中进行单项选择的交互功能，复选框组则允许用户在一组选项中同时选中多个，重点了解二者的功能及区别。

（2）图像域用于在表单域中显示图像，文件域允许用户选择文件，文本域可接收用户多行文本输入，这三个表单元素都是表单网页中常见的类型，因此要掌握它们的功能。

本节任务的目标是综合运用多种表单元素设计注册页面，如图 6-9 所示。在 Dreamweaver 中打开 LiaoNing Traval 站点，在 Questions 子目录下新建一个网页文件并命名为 Enroll.html，并在该页面中插入表单域以及表格，本任务所需表格如图 6-10 所示。

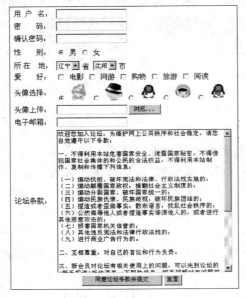

图 6-9　注册页面设计效果

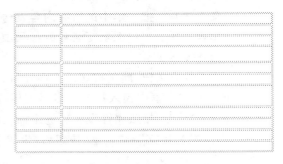

图 6-10　注册页面布局表格设计

在表格合适位置输入文本说明，插入按钮以及文本字段元素，并进行属性设置，得到图 6-11 所示的设计结果。

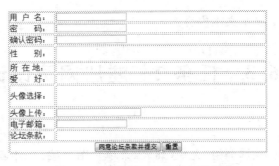

图 6-11　注册页面初步设计效果

6.3.1 单选按钮组

单选按钮组的作用是要求用户在一组选项中,必须且只能进行一个选项的选择,例如性别、文化程度等选项。

步骤 1 插入"性别"单选按钮组。将光标移至第 4 行第 2 列,单击"插入"面板中"表单"类别中的"单选按钮组",并在弹出的"单选按钮组"对话框中进行设置,如图 6-12 所示。

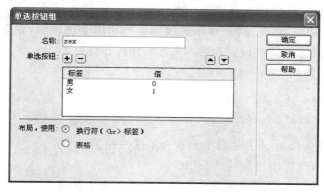

图 6-12 "单选按钮组"对话框

- 名称:单选按钮组的名称。单选按钮的名称是以组为单位进行命名的,同一组按钮的名称必须相同。只有这样,网页浏览用户才能在一组单选按钮中进行选择。
- 单选按钮:在列表框中可以输入或更改每个单选按钮的标签和值,默认情况包含两个单选按钮。如果希望这些单选按钮将参数值传递给表单处理程序,则为单选按钮项设置相关联的标签名称与参数值。例如,本例中单选按钮的两个选项为"男"和"女",当用户选取其一时,向处理程序传递的是为该选项标签名称所设置的值 0 和 1。
  - ·＋:添加一个单选按钮。
  - ·－:删除选定的单选按钮。
  - ·▲:上移选定的单选按钮。
  - ·▼:下移选定的单选按钮。
- 布局:设置单选按钮的布局格式,有以下选项。
  - ·换行符:单选按钮在网页文档中显示时用换行符隔开。
  - ·表格:单选按钮布局在一列多行的表格中。

步骤 2 设置单选按钮组选项的属性。分别选中单选按钮组的两个选项,并在"属性"面板中进行设置,如图 6-13 所示。

图 6-13 单选按钮组"属性"面板

- 单选按钮：在输入框中设置该对象的名称。注意,若本组单选按钮为互斥选项,必须共用同一个名称,且此名称不能包含空格或特殊字符。例如,在本例中"男"和"女"两个选项的名称均为 sex。
- 选定值：当用户选择单选按钮时,发送给服务器端应用程序的值。由于在一个选项组只能选中一项,那么每个单选按钮应对应不同的值。
- 初始状态：指定首次进入网页时单选按钮的状态。在一组单选按钮中只能为一个按钮设置为"已勾选"状态或全部设置为未选中状态。
- 类：应用于对象的 CSS 规则。

步骤 3 插入和编辑"头像"选择单选按钮组。利用上述步骤,在表单中插入"头像"选择单选按钮组,并进行属性设置。插入头像图像操作详见 6.3.4 节。

插入单选按钮组后,生成 HTML 代码如下:

```
<input name="sex" type="radio" id="sex_0" value="0" checked />男
<input name="sex" type="radio" value="1" id="sex_1" />女
```

- type：取值为"radio"表示表单元素为单选按钮。
- value：为该选项所设置的关联值。
- checked：设置此属性表明单选按钮初始处于选中状态。

提示：如果多个单选按钮为一组,那么它们的 name 属性值必须相同,表示它们为互斥选项。但多个单选按钮为不同的对象,因此 id 属性的值不同。

6.3.2 复选框组

与单选按钮组的作用不同,复选框组的作用是在一组选项中允许用户选中多个选项。复选框是一种允许用户选择的小方框,用户选中某一项,与其对应的小方框就会出现一个"√"。再次单击鼠标,"√"将消失,表示此项已被取消。如本小节任务中希望用户填写个人爱好的表单内容,用户可以在爱好选项组中选择一项或多项爱好,当然,也有可能没有一项是用户所喜欢的,允许用户保留所有选项为空。

步骤 1 插入"爱好"复选框组。将光标移至表格中第 6 行第 2 列,单击"插入"面板中"表单"类别中的"复选框组",并在弹出的"复选框组"对话框中进行设置,如图 6-14 所示。

- 名称：复选框组的名称。复选框的名称是以组为单位进行命名的,同一组复选框按钮的名称必须相同。
- 复选框：在列表框中可以输入或更改每个复选框的标签和值。默认情况包含两个复选框。如果希望这些复选框将参数值传递给表单处理程序,则为复选框每项设置相关联的标签名称与参数值。
- 布局：设置复选框选项的布局格式,有以下两个选项。
  - ▪ 换行符：复选框在网页文档中显示时用换行符隔开。
  - ▪ 表格：复选框布局在一列多行的表格中。

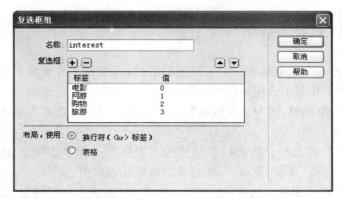

图 6-14　"复选框组"对话框

步骤 2　编辑复选框选项的属性。选中"电影"复选框,在"属性"面板进行设置,如图 6-15 所示。

图 6-15　复选框的"属性"面板

- 复选框名称:在对话框中为该对象指定名称。注意,一组复选框必须共用同一个名称,且此名称不能包含空格或特殊字符。
- 选定值:设置当用户选择该复选框时,发送到服务器端应用程序的值。在一组选项中,不同的复选框应该对应不同的值。例如,本小节任务中爱好选项组中,可以将 0、1、2、3、4 分别表示"电影"、"网游"、"购物"、"旅游"和"阅读"选项。
- 初始状态:设置用户首次打开网页时,复选框是选中还是未选中的状态。若选中"已勾选"选项,首次打开页面时,该复选框处于选中状态。反之,若希望首次打开网页时该复选框处于未选中状态,应选中"未选中"选项。
- 类:应用于此对象的 CSS 规则。

步骤 3　编辑其他选项的属性。使用步骤 2 可以对复选框组的其他选项进行属性设置。

插入和编辑复选框组后,生成 HTML 代码如下:

```
<input type="checkbox" name="interest" value="0" id="interest_0" checked/>电影
<input type="checkbox" name="interest" value="1" id="interest_1" />网游
<input type="checkbox" name="interest" value="2" id="interest_2" />购物
<input type="checkbox" name="interest" value="3" id="interest_3" />旅游
<input type="checkbox" name="interest" value="4" id="interest_4" />阅读
```

type 的取值为"checkbox"表示元素为复选框。

6.3.3　选择(列表/菜单)

　　列表或菜单由一个文本框和一个下拉按钮组成,可使网页在有限的空间显示多个选项,用户通过滚动条在多个选项中选择。列表或菜单的作用与复选框、单选按钮类似,也是给用户提供一个选项组,用户只能选择而不能从键盘输入。菜单与列表比复选框或单选按钮更节省页面空间。

　　步骤 1　插入"省"选择。将光标移至要插入表格第 5 行第 2 列,单击"插入"面板中"表单"类别中的"选择(列表/菜单)",选择就会出现在表单中。

　　步骤 2　编辑选择属性。选中"省"选择,在"属性"面板中进行设置,如图 6-16 所示。

图 6-16　选择(列表/菜单)的"属性"面板

- 选择:列表或菜单的名称。
- 类型:设置选择的类型,有以下两个选项。
  - ·列表:允许设置高度和选中范围。
  - ·菜单:高度和选定范围两项属性不可设置,分别默认为 1 和未选中状态。
- 高度:设置列表的高度,输入的数值即列表所显示的行数。
- 选定范围:是否允许在滚动列表中选择多项。选中"允许多选"复选框,允许网页浏览用户在该滚动列表中选择多项。反之,若只允许用户选择一项,不选中该复选框。
- 类:应用于此对象的 CSS 规则。
- 列表值:设置选择的列表标签和值,单击打开"列表值"对话框,如图 6-17 所示。

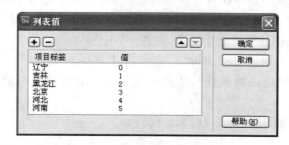

图 6-17　选择(列表/菜单)的"列表值"对话框

　　在该对话框中设置选择的各个选项,单击对话框上侧的"＋"按钮,可在"项目标签"下方出现的文本框中输入选项标签内容,如"辽宁省"。输入后,按 Tab 键,光标移至"值"的下方,输入该选项对应的值。重复这个步骤,可输入多个选项的内容及值。选中列表中的某个选项,单击"－"按钮可以将选中的选项删除,单击"▲"按钮上移该选项,单击"▼"按钮下移该选项。

步骤3 插入"市"选择。重复上述步骤,在"省"选择后插入"市"选择,将其类型设置为菜单,并输入列表值。

插入选择(列表/菜单)后,生成 HTML 代码如下:

```
<select name="province" id="province">
    <option value="0">辽宁</option>
    <option value="1">吉林</option>
    <option value="2">黑龙江</option>
    ⋮
</select>省
<select name="city" id="city ">
    <option value="0">沈阳</option>
    <option value="1">抚顺</option>
    <option value="2">鞍山</option>
    ⋮
</select>市
```

- ＜select＞＜/select＞:列表或菜单选择标签。
- ＜option＞＜/option＞:列表项或菜单项选择标签。
- size:列表高度。

6.3.4 图像域

图像域的作用是允许表单域中显示图像,如本小节任务中的头像。在 6.3.1 节插入单选按钮组并进行相应的设置后,通过本小节的操作,可在每个单选按钮后插入头像。

步骤1 插入"头像"图像域。将光标移至表格中第 7 行第 2 列,单击"插入"面板中"表单"类别中的"图像域",在出现的"选择图像源文件"对话框中选取图像文件,如图 6-18 所示。

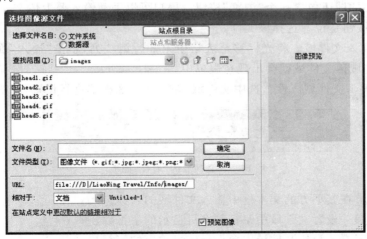

图 6-18 "选择图像源文件"对话框

步骤 2 编辑"头像"图像域。选中图像域,在"属性"面板中进行设置,如图 6-19 所示。

图 6-19 图像域的"属性"面板

- 图像区域:图像域的名称。
- 源文件:图像文件的 URL 地址。也可以单击右边的"浏览文件"按钮进行文件选择。
- 替换:设置在图像加载过程中首先显示的文本。当图像加载失败后,会以此处的文字替换图像,如果图像加载成功,当鼠标移至图像上方时,会显示此文本。
- 对齐:在下拉列表中选择图像域的对齐方式。
- 类:应用的 CSS 规则。
- 编辑图像:启动外部的图像编辑器编辑图像。

步骤 3 插入剩余"头像"图像域。重复上述步骤,插入其他头像的图像,并进行属性设置。

插入图像域后,生成 HTML 代码如下:

```
<input type="image" name="image1" id="image1" src="headimage/hi1.JPG" />
```

- type:取值为"image"表示元素类型为图像域。
- src:其值为图像文件路径及名称。

6.3.5 文件域

使用文件域,用户可以从其计算机中选择文件上传到服务器。文件域的外观与文本域类似,只是文件域还包含一个"浏览"按钮。用户可以手动输入要上传文件的路径,也可以使用"浏览"按钮定位并选择该文件。

步骤 1 插入文件域。将光标移至表格中第 8 行第 2 列,单击"插入"面板中"表单"类别中的"文件域",文件域就会出现在表单中。

步骤 2 编辑文件域属性。选中文件域,在"属性"面板中进行设置,如图 6-20 所示。

图 6-20 文件域的"属性"面板

- 文件域:在其下方的文本框中输入文件域的名称。
- 字符宽度:设置文件域中每行最多可显示的字符数。
- 最多字符数:设置文件域中允许最多可输入的字符数。

- 类：应用的 CSS 规则。

插入文件域后，生成 HTML 代码如下：

```
<input type="file" name="MyPhoto" id="MyPhoto" />
```

type 的取值为"file"，表示元素类型为文件域。

6.3.6 文本区域

文本区域元素的功能与多行文本字段类似，可以允许用户输入多行文本，也可以自动实现换行。

步骤 1 插入文本区域。将光标移至表格第 10 行第 2 列，单击"插入"面板中"表单"类别中的"文本区域"，文本区域就会出现在表单中。

步骤 2 编辑文本区域属性。选中文本区域，在"属性"面板中进行设置，如图 6-21 所示。

图 6-21　文本域的"属性"面板

- 文本域：文本区域的名称。在网页中要求每个文本区域都必须有唯一的名称。
- 字符宽度：指定文本区域中每行最多可显示的字符数。一个英文字母占用一个字符宽度，而一个汉字占用两个字符宽度。
- 类型：在类型选项区包括如下三个选项。
  - 单行：用于创建单行文本区域。
  - 多行：用于创建多行文本区域。
  - 密码：用于创建密码文本区域。
- 最大字符数/行数：若选择类型是单行文本区域，在该项右侧文本框中输入单行最多可输入的字符数；若选择类型是多行文本区域，在该项右侧文本框中输入最多输入的行数。
- 初始值：指定浏览器首次载入网页时文本域中显示的内容。在该项右侧的文本框输入初始字符。在本任务中输入论坛的协议内容。

插入文本区域后，生成 HTML 代码如下：

```
<textarea name="protocol" id="protocol" cols="45" rows="20">
欢迎您加入论坛，为维护网上公共秩序和社会稳定，请您自觉遵守以下条款：
…
</textarea>
```

- ＜textarea＞＜/textarea＞：文本域元素标签。
- rows：文本域允许输入文本行数。
- cols：每行允许输入最多字符数。

6.4 任务3 "论坛首页"网页设计

目的

掌握跳转菜单的功能,了解跳转菜单的构成,熟悉创建跳转菜单的方法。

要点

跳转菜单是一种具备链接功能的下拉列表,是网页设计中常使用的一种链接或导航方法。

本节任务的目标是使用跳转菜单设计论坛首页页面,如图 6-22 所示。

标题	状态	回答数	时间
请问昭陵和福陵各有什么特色?	已回答	3	2011.11.25
棋盘山的命名有何传说?	已回答	5	2011.11.27
请问盘锦有哪些土特产?	已回答	2	2011.11.27
辽宁博物馆和沈阳故宫博物馆是同一个地方吗?	已回答	4	2011.11.28
在沈阳旅游住哪里好?	已回答	3	2011.11.30
鞍山的民俗游有哪些?	已回答	2	2011.12.2
辽宁旅游的最佳时间?	已回答	2	2011.12.2
辽宁有哪些特色美食?	已回答	4	2011.12.3
大连老虎滩公园旅游应该注意什么?	已回答	5	2011.12.5
辽宁有哪些特色景点?	已回答	3	2011.12.5

登录 注册 发新帖　　　　　　　　　　　　　　　　排序方式

图 6-22　论坛首页效果图

跳转菜单是网页文档中的弹出菜单,对站点用户可见,并且列出了到文档或文件的链接。可以创建到整个 Web 站点内文档的链接、到其他 Web 站点上文档的链接、电子邮件链接、到图像的链接,也可以创建可在浏览器中打开的任何文件类型的链接。跳转菜单中的每个选项都与 URL 关联。在用户选择一个选项时,浏览器会重定向(跳转)到关联的 URL。

跳转菜单可包含以下三个部分:

(1)菜单选择提示:如菜单项的类别说明,或一些提示信息。此项为可选,例如"请选择其中一项"的提示。

(2)所链接的菜单项的列表:当用户选择某个选项时,链接的文档或文件打开,此项是跳转菜单的必需部分。

(3)"转到"按钮:显示"转到"按钮,为可选项。

步骤1 创建论坛网页。在 Dreamweaver 中打开 LiaoNing Traval 站点，在 Questions 子目录下新建一个网页文件并命名为 Forum. html，并插入图 6-23 所示表格。

图 6-23　论坛首页布局表格

步骤2 插入文本及链接。在表格中插入登录、注册和发新帖文本链接，并插入常见问题回复情况文本链接，设计效果如图 6-24 所示。

登录 注册 发新帖

标题	状态	回答数	时间
请问昭陵和福陵各有什么特色?	已回答	3	2011.11.25
棋盘山的命名有何传说?	已回答	5	2011.11.27
请问盘锦有哪些土特产?	已回答	2	2011.11.27
辽宁博物馆和沈阳故宫博物馆是同一个地方吗?	已回答	4	2011.11.28
在沈阳旅游住哪里好?	已回答	3	2011.11.30
鞍山的民俗游有哪些?	已回答	2	2011.12.2
辽宁旅游的最佳时间?	已回答	2	2011.12.2
辽宁有哪些特色美食?	已回答	4	2011.12.3
大连老虎滩公园旅游应该注意什么?	已回答	5	2011.12.5
辽宁有哪些特色景点?	已回答	3	2011.12.5

图 6-24　论坛首页初步设计结果

步骤3 插入跳转菜单。将光标移至表格第 1 行第 2 列，单击"插入"面板中"表单"类别中的"跳转菜单"，并在"插入跳转菜单"对话框中进行设置，如图 6-25 所示。

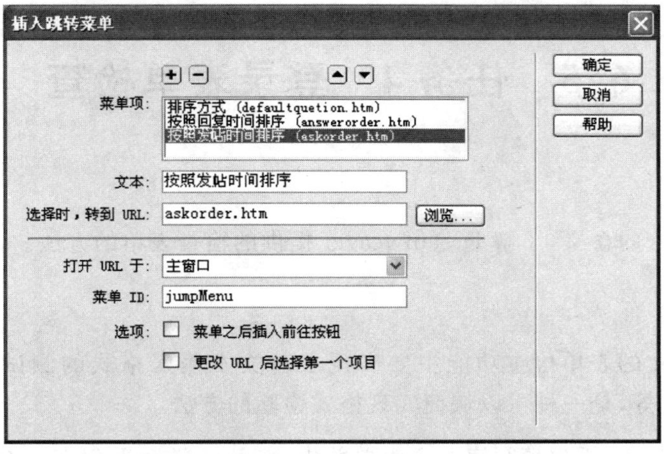

图 6-25　"插入跳转菜单"对话框

- 菜单项：设置跳转菜单中的项目。
- 文本：当前选定菜单项显示的文本标签。
- 选择时，转到 URL：设置选中菜单项后浏览器跳转的文件，单击"浏览"按钮选取或在文本框中输入该文件的路径及名称。
- 打开 URL 于：选择文件的打开位置。如果选择"主窗口"，在同一窗口中打开文件。如果选择"框架"，在所选框架中打开文件。
- 菜单 ID：跳转菜单的唯一标识。
- 选项：选择"菜单之后插入前往按钮"复选框，可添加一个"前往"按钮，而非菜单选择提示。如果要使用菜单选择提示（如"选择其中一项"），则选择"更改 URL 后选择第一个项目"复选框。

步骤 4 编辑跳转菜单属性。选中插入的跳转菜单，在"属性"面板可以进行设置，如图 6-26 所示，具体方法参见图 6-16。

图 6-26 插入跳转菜单的"属性"面板

插入跳转菜单后，生成的 HTML 代码如下：

```
<select name="jumpMenu1" id="jumpMenu1" onchange="MM_jumpMenu ('parent', this,1)">
    <option value="defaultquetion.html">排序方式</option>
    <option value="answerorder.html">按照回复时间排序</option>
    <option value="askorder.html">按照发帖时间排序</option>
</select>
```

- onchange：单击菜单项时执行的跳转代码。
- value：单击菜单项时跳转目标的 URL。

6.5　任务 4　登录表单检查

目的

理解表单检查的含义，了解 Dreamweaver 提供的检查表单的方法。

要点

Dreamweaver 的表单检查功能主要实现了对文本输入格式的测试功能，如数字格式、电子邮件格式等，是一种可以快捷实现格式检验的方法。

在浏览网页时，当用户填写完一个表单并提交后，经常会看到有一个反馈网页，在网页上提示用户表单中的某个表单内容漏填或填写有误，要求用户更正后再提交。这个功能称为表单检查,验证表单元素的正确性,通常是通过 JavaScript 编写的程序来完成。在 Dreamweaver 中可以使用表单检查技术对用户输入进行简单的正确性检验。

步骤 1 打开页面。打开 6.2 节设计的登录页面 login. html。

步骤 2 打开"行为"面板。单击网页"文档窗口"左下角标签选择器中的<form>标签,然后选择"窗口"→"行为"命令,打开"行为"面板,如图 6-27 所示。

步骤 3 设置检查表单行为。在"行为"面板中单击"➕"按钮,在弹出的菜单中单击"检查表单",打开"检查表单"对话框,如图 6-28 所示。

图 6-27 "行为"面板　　　　图 6-28 "检查表单"对话框

- 域:在列表框中选择要进行验证的表单对象的名称。
- 值:选中"必需的"复选框,则要求网页浏览用户填写表单时,必须在该文本字段中输入内容。反之,如果该文本字段的内容不要求必须填写,保持"必需的"复选框为空。本任务中将用户名和密码两个文本字段内容均设置为必需的。
- 可接受:设置文本字段可以接受的文本内容的格式,共有以下 4 个选项。
  - 任何东西:对于用户输入文本内容没有要求。
  - 数字:要求用户输入内容必须为数字。
  - 电子邮件:要求用户输入内容符合电子邮件地址格式。
  - 数字从……到……:要求用户输入内容必须为数字,且对数字输入有效范围进行约束。

步骤 4 采用上述步骤对密码输入文本字段进行检查。

6.6　任务 5　注册表单 Spry 验证

目的

了解 Spry 框架的功能,Spry 验证表单元素在模糊焦点、更改或单击"提交"按钮时对用户输入或选择内容进行检验的功能,是快速设计具备检查功能表单网页的途径,因此要求熟练掌握使用 Spry 验证表单元素的方法。

要点

（1）Spry 验证文本域、Spry 验证密码和 Spry 验证确认能够对用户输入的文本的格式、字符数和值等进行检验，并通过浏览器显示验证结果。

（2）Spry 验证单选按钮组、Spry 验证选择和 Spry 验证复选框可以对用户选择项目是否有效及选项数量是否达到要求进行检验并通过浏览器显示结果。

（3）Spry 验证复选框具备验证用户选择项目数量是否达到最小数目或是最大数目的验证功能，并通过浏览器显示验证结果。

（4）Spry 验证文本区域能够对用户输入的文本字符数量是否达到最小数目或是最大数目的验证，通过浏览器显示已输入字符数或剩余可输入字符数以及验证结果。

Dreamweaver 的 Spry 框架是一个 JavaScript 库，Web 设计人员使用它可以构建能够向站点用户提供更丰富体验的网页。Spry 使用 HTML、CSS 和极少量的 JavaScript 将 XML 数据合并到 HTML 文档中，向各种页面元素中添加不同种类的效果。在设计上，Spry 框架的标签非常简单且便于具有 HTML、CSS 和 JavaScript 基础知识的用户使用。

本节任务就是使用 Spry 框架的组件，将常见的表单验证元素添加到 Web 页中。最终设计结果如图 6-29 所示。在 Dreamweaver 中打开 LiaoNing Traval 站点，在 Questions 子目录下新建一个网页文件并命名为 EnrollSpry.html，插入表单域、布局表格、文本说明、按钮和文件域等，设计结果如图 6-30 所示。

图 6-29　Spry 验证注册页面设计效果

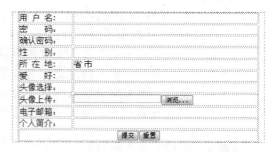

图 6-30　Spry 验证注册页面初步设计

6.6.1　Spry 验证文本域

Spry 验证文本域对输入到文本域中的文本进行有效性验证，并显示验证结果。例如，在要求输入电子邮件地址的 Spry 验证文本域中，检验该文本域中的文本内容是否包含"@"符号。Spry 验证文本域能够在不同的时间点进行验证，例如当用户在文本域外部单击时、输入内容时或尝试提交表单时。

Spry 验证文本域具有如下状态：

- 初始状态：在浏览器中加载页面或用户重置表单时的状态。
- 焦点状态：当用户在文本域中放置插入点时的状态。
- 有效状态：当用户正确地输入信息且表单可以提交时的状态。
- 无效状态：当用户所输入文本的格式无效时的状态。
- 必需状态：当用户在文本域中没有输入必需文本时的状态。
- 最小字符数状态：当用户输入的字符数少于文本域所要求的最小字符数时的状态。
- 最大字符数状态：当用户输入的字符数多于文本域所允许的最大字符数时的状态。
- 最小值状态：当用户输入的值小于文本域所需的值时的状态（适用于整数、实数和数据类型验证）。
- 最大值状态：当用户输入的值大于文本域所允许的最大值时的状态（适用于整数、实数和数据类型验证）。

处于各种状态的 Spry 验证文本域如图 6-31 所示。

可以根据所需的验证结果，使用属性检查器来修改状态的属性。每当 Spry 验证文本域以用户交互方式进入其中一种状态时，Spry 框架逻辑会在运行时向其 HTML 容器应用特定的 CSS 类。例如，如果用户尝试提交表单，但尚未在必填文本域中输入文本，Spry 会应用一个类，使它显示"需要提供一个值"的错误消息。用来控制错误消息的样式和显示状态的规则包含在随附的 CSS 文件（Spry Validation TextField.css）中。

步骤 1 插入"用户名"Spry 验证文本域。在网页文档中将光标移至布局表格中的第 1 行第 2 列，单击"插入"面板中"表单"类别中的"Spry 验证文本域"。

步骤 2 编辑"用户名"Spry 文本域表单元素属性。在 Spry 验证文本域方框中选中文本域表单元素，在"属性"面板中可以进行设置，具体方法参见 6.2.2 节文本字段的属性设置，如图 6-7 所示。

步骤 3 编辑"用户名"Spry 文本域的 Spry 验证属性。在网页文档中单击所插入的 Spry 验证文本域上侧标签选中 Spry 验证文本域，如图 6-32 所示。在"属性"面板中可对其属性进行设置，如图 6-33 所示。

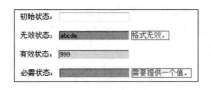

图 6-31 Spry 验证文本域的几种状态

图 6-32 选中 Spry 验证文本域

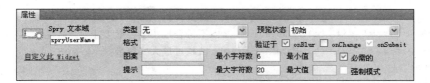

图 6-33 Spry 验证文本域的"属性"面板

- Spry 文本域：设置 Spry 文本域的名称。
- 类型：为验证文本域构件指定不同的验证类型。包括"整数"、"电子邮件"和"日期"等,不同的类型设置了不同的预览状态以及格式要求。
- 预览状态：选择要查看验证文本域的状态,包括初始、必填、有效、未达到最小字符数和已超过最大字符数 5 个选项。
- 格式：选择验证文本域所要求的格式。
- 验证于：用来设置验证发生的时间,有如下选项。
  - onBlur：模糊,当用户在文本域的外部单击时验证。
  - onChange：更改,当用户更改文本域中的文本时验证。
  - onSubmit：提交,当用户尝试提交表单时验证。
- 提示：设置验证文本域的提示信息。例如,验证类型设置为"电话号码"的文本域将只接受(000)000-0000 形式的电话号码。可以输入这些示例号码作为提示,以便用户在浏览器中加载页面时,文本域中将显示正确的格式。
- 最小字符数/最大字符数：设置验证文本域中允许的最小/最大字符数。此选项仅适用于"无"、"整数"、"电子邮件"和 URL 验证类型。例如,如果在"最小字符数"框中输入数字 3,那么只有当用户输入三个或更多个字符时,该构件才通过验证。
- 最小值/最大值：设置验证文本域中允许的最小/最大值。此选项仅适用于"整数"、"时间"、"货币"和"实数/科学记数法"验证类型。例如,如果在"最小值"框中输入 3,那么只有当用户在文本域中输入 3 或者更大的值时,该构件才通过验证。
- 必需的：默认情况下,用 Dreamweaver 插入的所有验证文本域构件都要求用户在将构件发布到 Web 页之前输入内容。但是,可以将填写文本域设置为对用户是可选的。
- 强制模式：设置是否禁止用户在验证文本域构件中输入无效字符。例如,如果对具有"整数"验证类型的构件集选择此选项,那么当用户尝试输入字母时,文本域中将不显示任何内容。

步骤 4 插入"电子邮件"Spry 验证文本域。采用上述步骤插入电子邮件 Spry 验证文本域,并将类型设置为"电子邮件",同时设置在提交表单时进行必须填入的验证。

插入 Spry 验证文本域后,生成 HTML 代码如下：

```
<span id="spryUserName">
    <input name="username" type="text" id="username" size="20" maxlength=
    "20" />
<span class="textfieldRequiredMsg">需要提供一个值.</span>
<span class="textfieldMinCharsMsg">不符合最小字符数要求.</span>
<span class="textfieldMaxCharsMsg">已超过最大字符数.</span>
</span>
<span id="email">
    <input type="text" name="text2" id="text2" />
```

```
<span class="textfieldRequiredMsg">需要提供一个值.</span>
<span class="textfieldInvalidFormatMsg">格式无效.</span>
</span>
<span></span>：在文档行内定义一个显示区域.
```

- id：span 标签的唯一标识。
- class：span 标签显示的 css 样式类的名称,其所有取值为 spry 框架定义的样式
  类名。

6.6.2　Spry 验证密码

Spry 验证密码是一个密码文本域,可用于强制执行密码规则(例如,字符的数目和类
型)。该组件能够根据用户的输入提示警告或错误消息。

Spry 验证密码除了具有初始状态、焦点状态、有效状态、必需状态、最小字符数状态
和最大字符数状态外,还具有强度无效状态,表示用户输入的文本不符合密码文本域的强
度条件(例如,如果已指定密码必须至少包含两
个大写字母,而输入的密码不包含大写字母或
只包含一个大写字母)。处于各种状态的 Spry
验证密码域如图 6-34 所示。

可以根据所需要的验证结果编辑相应的
CSS 文件(SpryValidationPassword. css)修改

图 6-34　Spry 验证密码域的几种状态

这些状态的属性。Spry 验证密码也能够在不同的时间点进行验证。

步骤 1　插入 Spry 验证密码域。在网页文档中将光标移至布局表格中的第 2 行第 2
列,单击"插入"面板中"表单"类别中的"Spry 验证密码"。

步骤 2　编辑 Spry 验证密码域表单元素属性。选中所插入的 Spry 验证密码方框即
可选中密码文本域元素,在"属性"面板中可对其进行设置,具体方法参见 6.2.2 节文本字
段的属性设置,如图 6-7 所示。

步骤 3　编辑 Spry 验证密码域验证属性。在网页文档中单击所插入的 Spry 验证密
码上侧标签即可选中 Spry 验证密码域,在"属性"面板中可对其属性进行设置,如图 6-35
所示。

图 6-35　Spry 验证密码域的"属性"面板

- Spry 密码：设置 Spry 密码域的名称。
- 必填：要求用户必须填写密码。
- 最小字符数/最大字符数：设置验证密码域中允许的最小/最大字符数。

- 预览状态：选择要查看验证密码域的状态，包括初始、必填、强度无效、未达到最小字符数、已超过最大字符数和有效等选项。
- 验证时间：用来设置验证发生的时间。
- 最小字符数/最大字符数：设置验证密码域中允许的最小/最大字符数。
- 最小数字数/最大数字数：设置验证密码域中允许的最小/最大数字数。
- 最小大写字母数/最大大写字母数：设置验证密码域中允许的最小/最大大写字母数。
- 最小特殊字符数/最大特殊字符数：设置验证密码域中允许的最小/最大特殊字符数。

插入 Spry 验证密码后，生成 HTML 代码如下：

```
<span id="sprypassword">
<input name="password" type="password" id="password" size="20"
maxlength="20" />
<span class="passwordRequiredMsg">需要输入一个值.</span>
<span class="passwordMinCharsMsg">不符合最小字符数要求.</span>
<span class="passwordMaxCharsMsg">已超过最大字符数.</span>
<span class="passwordInvalidStrengthMsg">密码未达到指定的强度.</span>
</span>
```

6.6.3　Spry 验证确认

Spry 验证确认是一个文本域或密码表单域，当用户输入的值与同一表单中类似域的值不匹配时，该组件将显示无效状态。例如，可以向表单中添加一个验证确认，要求用户重新输入在上一个域中指定的密码。如果用户未能完全一样地输入之前指定的密码，组件将返回错误消息，提示两个密码不匹配，如图 6-36 所示。

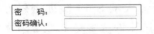

图 6-36　Spry 验证确认典型设置

Spry 验证确认除了具有初始状态、焦点状态、有效状态和必需状态外，还具有无效状态，表示用户输入的文本与在上一个文本域、Spry 验证文本域或 Spry 验证密码域中输入的文本不匹配。

可以根据所需要的验证结果编辑相应的 CSS 文件（SpryValidationConfirm.css）修改这些状态的属性。Spry 验证确认也能够在不同的时间点进行验证。

步骤 1　插入"确认密码"Spry 验证确认。在网页文档中将光标移至布局表格中的第 3 行第 2 列，单击"插入"面板中"表单"类别中的"Spry 验证确认"。

步骤 2　编辑"确认密码"Spry 验证确认表单元素属性。选中所插入的 Spry 验证确认方框部分选中确认密码文本域元素，在"属性"面板中可对其进行设置，具体方法参见 6.2.2 节文本字段的属性设置，如图 6-37 所示。

步骤 3　编辑"确认密码"Spry 验证确认验证属性。在网页文档中单击所插入的 Spry 验证确认方框上侧标签选中 Spry 验证确认，在"属性"面板中可对其属性进行设置，如图 6-37 所示。

图 6-37 Spry 验证确认"属性"面板

- Spry 确认：设置 Spry 确认域的名称。
- 必填：可选项，要求用户必须填写此确认。
- 预览状态：选择要查看验证密码域的状态，包括初始、必填、无效和有效等选项。
- 验证参照对象：在弹出菜单上选择将用做验证依据的文本域 ID。
- 验证时间：用来设置验证发生的时间。

插入 Spry 验证密码后，生成 HTML 代码如下：

```
<span id="sprypasswordconfirm1">
    <input name="passwordconfirm" type="password" id="passwordconfirm"
size="20" maxlength="20" />
<span class="confirmRequiredMsg">需要输入一个值.</span>
<span class="confirmInvalidMsg">这些值不匹配.</span>
</span>
```

6.6.4 Spry 验证单选按钮组

Spry 验证单选按钮组是一组单选按钮，可支持对所选内容进行验证。该组件可强制从组中选择一个单选按钮。

除初始状态外，Spry 验证单选按钮组还包括三种状态：有效、无效和必需值。可以根据所需的验证结果编辑相应的 CSS 文件（SpryValidationRadio.css）修改这些状态的属性。Spry 验证单选按钮组可以在不同的时间点进行验证。图 6-38 显示了处于各种状态的 Spry 验证单选按钮组。

步骤 1 插入"性别"Spry 验证单选按钮组。在网页文档中将光标移至布局表格中的第 4 行第 2 列，单击"插入"面板中"表单"类别中的"Spry 验证单选按钮组"。

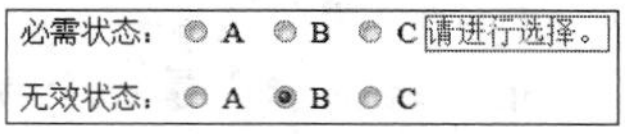

图 6-38 Spry 验证单选按钮组的几种状态

步骤 2 设置"性别"Spry 验证单选按钮组表单元素属性。在弹出的 Spry 单选按钮组对话框中进行单选按钮属性和值的设置，具体方法参见 6.3.1 节文本字段的属性设置，如图 6-13 所示。

步骤 3 编辑"性别"Spry 验证单选按钮组表单元素属性。选中所插入的 Spry 单选按钮组的按钮组部分可以选中按钮组元素，在"属性"面板中进行设置，方法同 6.3.1 节单选按钮组属性设置。

步骤 4 编辑"性别"Spry 验证单选按钮组验证属性。在网页文档中单击所插入的 Spry 单选按钮组上侧标签即可选中 Spry 单选按钮组，在"属性"面板中可对其属性进行设置,如图 6-39 所示。

图 6-39　Spry 验证单选按钮组属性面板

- Spry 单选按钮组:设置 Spry 单选按钮组的名称。
- 必填:可选项,要求用户必须填写确认。
- 预览状态:查看验证密码域的状态,包括初始和必填选项。
- 验证时间:用来设置验证发生的时间。
- 空值:可以指定一个值,当用户选择与该值相关的选项时,该值将注册为空。例如,如果指定 0 是空值,并将该值赋给某个选项,则当用户选择该选项时,浏览器将返回"请选择一个值"的错误提示。
- 无效值:可以指定一个值,当用户选择与该值相关的选项时,该值将注册为无效。例如,如果指定 1 是无效值,并将该值赋给某个选项,则当用户选择该选项时,浏览器将返回"请选择一个有效值"的错误消息。

插入 Spry 验证单选按钮组后,生成 HTML 代码如下:

```
<span id="sex">
    <input name="sex" type="radio" id="sex_0" value="0" checked="checked" />
男
    <input type="radio" name="sex" value="1" id="sex_1" />女
<span class="radioRequiredMsg">请进行选择.</span>
</span>
```

6.6.5　Spry 验证选择

Spry 验证选择是一个具备验证功能的下拉菜单,该菜单在用户进行选择时会显示其状态(有效或无效)。例如,可以插入一个包含状态列表的验证选择,这些状态按不同的部分组合并用水平线分隔。如果用户意外选择了某条分界线(而不是某个状态),验证选择会向用户返回一条消息,声明他们的选择无效。

处于展开状态的 Spry 验证选择以及它在各种状态下的折叠形式如图 6-40 所示。

Spry 验证选择具有初始状态、焦点状态、有效状态、无效状态和必需状态。可以根据所需的验证结果编辑相应的 CSS 文件(SpryValidationSelect.css)修改这些状态的属性。Spry 验证选择也可以在不同的时间点进行验证操作。

步骤 1　插入"省"Spry 验证选择。在网页文档中将光标移至布局表格中的第 5 行第 2 列,单击"插入"面板中"表单"类别中的"Spry 验证选择"。

步骤 2　编辑"省"Spry 验证选择表单元素属性。单击 Spry 验证选择方框即可将其

图 6-40　Spry 验证选择展开及其他几种状态

选中,在"属性"面板中进行设置。

步骤 3　编辑"省"Spry 验证选择验证属性。单击所插入的 Spry 验证选择上侧蓝色标签选中 Spry 验证选择,在"属性"面板中进行属性设置,如图 6-41 所示。

图 6-41　Spry 验证选择"属性"面板

- Spry 选择：设置 Spry 验证选择的名称。
- 空值：为用户选择为空指定传回服务器进行处理的值,且浏览器返回"请进行选择"的错误消息。例如,如果指定 0 是无效值,并将该值赋给某个选项标签,则当用户选择该菜单项时,浏览器将返回"请选择一个值"错误消息。
- 无效值：选中该复选框,可以指定一个值,当用户选择与该值相关的菜单项时,该值将注册为无效。例如,如果指定−1 是无效值,并将该值赋给某个选项标签,则当用户选择该菜单项时,浏览器将返回"请选择一个有效值"的错误消息。
- 预览状态：选择要查看验证密码域的状态,包括初始、必填选项。
- 验证于：用来设置验证发生的时间。

步骤 4　插入和编辑"市"Spry 验证选择。依据上述步骤插入所在地市的 Spry 验证选择。

插入 Spry 验证选择后,生成 HTML 代码如下:

```
<span id="spryselectp">
    <select name="province" id="province">
        <option value="0" selected="selected">辽宁</option>
        <option value="1">吉林</option>
        <option value="2">黑龙江</option>
        ⋮
    </select>
<span class="selectRequiredMsg">请选择一个项目.</span></span>
<span id="spryselectc">
    <select name="select2" id="select2">
        <option value="0" selected="selected">沈阳</option>
        <option value="1">鞍山</option>
```

```
            <option value="2">大连</option>
            <option value="3">抚顺</option>
            ⋮
        </select>
<span class="selectRequiredMsg">请选择一个项目.</span></span>
```

6.6.6　Spry 验证复选框

Spry 验证复选框是具备验证功能的一个或一组复选框,该复选框在用户选择(或没有选择)复选框时会显示其状态(有效或无效)。例如,表单中 Spry 验证复选框可能会要求用户进行三项选择。如果用户选择没有达到三项,浏览器会返回一条消息,声明不符合最小选择数要求。

图 6-42 显示了处于各种状态的 Spry 验证复选框。

图 6-42　Spry 验证复选框的几种状态

Spry 验证复选框具有初始、有效、无效、必需以及最小选择数和最大选择数状态,其中:

- 最小选择数状态:当用户选择的复选框数小于所需的最小复选框数时的状态。
- 最大选择数状态:当用户选择的复选框数大于允许的最大复选框数时的状态。

可以根据所需的验证结果编辑相应的 CSS 文件(SpryValidationCheckbox.css)修改这些状态的属性。Spry 验证复选框可以在不同的时间点进行验证。

步骤 1　插入"爱好"Spry 验证复选框。在网页文档中将光标移至第 6 行第 2 列,单击"插入"面板中"表单"类别中的"Spry 验证复选框",插入多个 Spry 验证复选框。

步骤 2　编辑"爱好"Spry 验证复选框表单元素属性。选中所插入的 Spry 复选框方框即可选中复选框元素,在"属性"面板中可对其进行设置。

步骤 3　编辑"爱好"Spry 验证复选框验证属性。单击所插入的 Spry 复选框上侧标签即可将其选中,在"属性"面板中可对其属性进行设置,如图 6-43 所示。

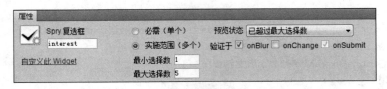

图 6-43　Spry 验证复选框的"属性"面板

- Spry 复选框:设置 Spry 复选框的名称。
- 必需:选中则表示进行必需选择一个选项的验证。
- 实施范围(多个):选中则表示进行必需选择多个选项的验证,可以指定选择范围

（即最小选择数和最大选择数）。例如，如果 Spry 验证复选框内有 6 个复选框，要求用户至少选择其中三个复选框。

- 最小选择数/最大选择数：设置实施范围中最小/最大选择项目数。
- 预览状态：选择要查看验证密码域的状态。
- 验证于：用来设置验证发生的时间。

插入 Spry 验证复选框后，生成 HTML 代码如下：

```
<span id="interest">
    <input type="checkbox" name="checkbox1" id="checkbox1" />
    <label for="checkbox1">电影</label>
    <input type="checkbox" name="checkbox1" id="checkbox1" />
    <label for="checkbox1">网游</label>
    <input type="checkbox" name="checkbox1" id="checkbox1" />
    <label for="checkbox1">购物</label>
    <input type="checkbox" name="checkbox1" id="checkbox1" />
    <label for="checkbox1">旅游</label>
    <input type="checkbox" name="checkbox1" id="checkbox1" />
    <label for="checkbox1">阅读</label>
    <span class="checkboxMinSelectionsMsg">不符合最小选择数要求.</span>
<span class="checkboxMaxSelectionsMsg">已超过最大选择数.</span>
</span>
```

6.6.7 Spry 验证文本区域

Spry 验证文本区域是一个具备验证功能的文本区域，在用户输入几个文本句子时显示文本的状态（有效或无效）。如果文本区域是必填域，而用户没有输入任何文本，浏览器返回一条消息，声明必须输入值。处于各种状态的验证文本区域如图 6-44 所示。

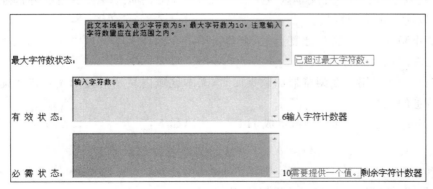

图 6-44 Spry 验证文本区域的几种状态

Spry 验证文本区域具有初始、有效、无效、必需、焦点、最小字符数和最大字符数状态。Spry 验证文本区域可以在不同的时间点进行验证。可以根据所需的验证结果编辑相应的 CSS 文件（SpryValidationTextArea.css）修改这些状态的属性。

　　步骤 1　插入"个人简介"Spry 验证文本区域。在网页文档中将光标移至表格的第 10 行第 2 列,选择"插入"→"表单"→"Spry 验证文本区域"命令。

　　步骤 2　编辑"个人简介"Spry 验证文本区域表单元素属性。单击所插入的 Spry 验证文本区域方框即可选中文本区域元素,在"属性"面板中可对其进行设置,具体方法参见 6.3.6 节文本域的属性设置,如图 6-21 所示。

　　步骤 3　编辑"个人简介"Spry 验证文本区域验证属性。在网页文档中单击所插入的 Spry 验证文本区域上侧标签即可选中 Spry 验证文本区域,在"属性"面板中可对其属性进行设置,如图 6-45 所示。

图 6-45　Spry 验证文本区域的"属性"面板

- Spry 文本区域：设置 Spry 文本区域的名称。
- 必需的：选中则表示仅需必须输入文本内容的验证。
- 预览状态：选择要查看验证文本域的状态。
- 验证于：用来设置验证发生的时间。
- 最小字符数/最大字符数：设置验证文本区域中允许的最小/最大字符数。
- 计数器有如下三个选项。
  - 无：不添加计数器。
  - 字符计数：用户在文本区域中输入文本时,在文本区域右下角的外部显示已经输入了多少字符数量。
  - 其余字符：用户在文本区域中输入文本时,在文本区域右下角的外部显示还可以输入字符的数量。
- 禁止额外字符：选择此复选框,则禁止用户在验证文本区域中输入的文本超过所允许的最大字符数。
- 提示：设置用户在浏览器加载页面时,文本区域内显示的提示用户输入何种类型信息的文本。

插入 Spry 验证文本区域后,生成 HTML 代码如下:

```
<span id="introduction">
    <textarea name="textarea1" id="textarea1" cols="45" rows="5"></textarea>
<span id="countintroduction"> </span>
<span class="textareaRequiredMsg">需要提供一个值.</span>
<span class="textareaMinCharsMsg">不符合最小字符数要求.</span>
<span class="textareaMaxCharsMsg">已超过最大字符数.</span>
</span>
```

6.7　思考与练习

（1）什么是表单？表单中的信息如何处理？

（2）列举常见的表单元素类型，并说明其功能。

（3）什么是表单域？

（4）Spry 框架具备什么功能？

（5）列举常见的 Spry 验证表单元素并说明其功能。

（6）上机实践题：设计如图 6-46 所示的发帖页面，要求使用 Spry 验证技术。

① 标题输入文本框为 Spry 验证文本域，要求必填。

② 选择类型为 Spry 验证选择，共有"选择类型"、"发帖提问"和"发布资讯"三项列表值，其中选择类型为提示。要求此项必选，且必选发帖提问或发布资讯有效选项。

③ 帖子内容输入区域为 Spry 验证文本域，要求必填，且字符数在 50～1000 范围以内。

④ 原创与转载为 Spry 验证单选按钮组，要求必选一项。

图 6-46　发帖页面

第**7**章

高级网页制作

行为和 Spry Widget 部件是 Dreamweaver CS5 中最有特色的功能之一,不需要编写任何代码,可以直接在可视化环境中制作出有动态效果的网页,大大提高了网页制作的效率,实现人与页面的简单交互。

7.1 行　　为

目的

了解 Dreamweaver 行为的组成、种类和实质,理解事件和动作的关系,掌握附加行为的基本方法,能利用行为实现具有动态效果的网页。

要点

(1)借助于行为可以无须编程实现比较复杂的动态效果,这是 Dreamweaver 的优势,如果需要创建出更丰富的网页效果,需要进一步学习 JavaScript 的编程,了解行为嵌入的代码内容。

(2)Spry 效果是 Dreamweaver CS5 提供的全新互动式行为功能,实现的网页能够增强视觉效果。

行为是 Dreamweaver 中最有特色的功能之一,用户不必手动编写代码就可以实现具有多种动态网页效果的页面。本节学习的主要目标是掌握行为的基本知识和基本操作,通过常用内置行为的应用案例,能够举一反三,制作出具有动感效果的网页。

7.1.1　行为基本知识

行为(Behavior)是事件与动作的组合,一般的行为都是由事件激活动作的。事件一般与用户的操作有关,例如用户单击鼠标、按键被释放、页面加载等都称做事件。每个动作可以完成特定的任务,其实质是利用 Dreamweaver 中预置的 JavaScript 程序实现一些特殊的效果,允许用户与网页进行交互,例如打开新的浏览器窗口、改变属性、预先载入图像等。

行为是基于对象（Object）的。对象是产生行为的主体。网页中很多的元素都可以成为行为对象，如网页中的图像、一段文字或者一个多媒体文件等。各个对象具有各自的HTML 标签，在创建时要首先选中对象的标签，之后设置事件和动作。

1. 事件

事件就是系统定义好的在浏览器工作过程中的某种状态的变化。事件起到通知的作用，用户先设定好动作，然后指定当何种事件发生时执行该动作。例如，网页用户在浏览某一个页面的时候，单击某一个元素，浏览器就会引发一个 onClick 事件，这个事件可以用来调用为特定功能编写的 JavaScript 函数，使得网页具有交互性。事件也可以不用用户响应而产生。例如，将网页设置为每隔 10s 自动重载一次，就会自动引发相应的事件。Dreamweaver 行为常用事件的含义如表 7-1 所示。

事件是由浏览器为每个页面元素定义的，通常元素不同、浏览器不同，支持的事件和种类也不相同，通常高版本的浏览器支持更多的事件。

表 7-1　Dreamweaver 行为常用事件的含义

类　　别	事　　件	简　单　描　述
一般事件	onClick	当用户单击鼠标左键时
	onDblClick	当用户双击鼠标左键时
	onKeyDown	当用户按下一个按键（未释放）时
	onKeyPress	当用户按下一个按键（已释放）时
	onKeyUp	当按键被释放时
	onMouseDown	当用户按下鼠标键时
	onMouseMove	当用户在某对象范围内移动鼠标时
	onMouseOut	当用户将鼠标移离对象时
	onMouseOver	当用户将鼠标移入对象上时
	onMouseUp	当鼠标按键被释放时
编辑事件	onBeforeUpdate	当页面中数据被粘贴新内容时
	onSelect	当选中文字时
	onCopy	当前对象被复制时
页面事件	onAbort	当用户终止下载传输时
	onLoad	当网页加载时
	onUnload	当重新下载时
	onResize	当用户改变（窗口）大小时
	onMove	当浏览器窗口被移动时
	onError	当页面出现错误时（下载期间）

类　　别	事　　件	简　单　描　述
表单事件	onBlur	当前元素失去焦点时(如取消文字选中)
	onFocus	某个元素获得焦点时
	onChange	当前元素失去焦点并且内容改变时
	onSubmit	当提交时
	onReset	当重置表单初始值时
滚动字幕事件	onFinish	当 marquee 元素内容结束一个循环时
	onStart	当字幕开始循环时
数据绑定事件	onAfterUpdate	当页面中的数据被数据源更新时
	onRowsDelete	当前数据记录被删除时
	onRowInserted	当前数据源要插入新的数据时
其他事件	onHelp	当用户单击浏览器帮助按键时
	onReadyStateChange	当指定元素状态改变时

2. 动作

动作的本质是可以执行指定任务的 JavaScript 程序,例如打开浏览器窗口、显示或隐藏元素、播放声音等,用来完成动态效果。在 Dreamweaver 中内置了很多的行为动作,不同的版本动作不同,Dreamweaver CS5 的常用行为动作如表 7-2 所示。添加动作时就会自动在页面中添加 JavaScript 代码,免除了用户编写代码的麻烦。

表 7-2　常用的 Dreamweaver CS5 行为动作

动　作　名　称	动　作　功　能
交换图像	发生设置的事件后,用其他图像取代选定的图像,此动作可以实现鼠标经过图像的效果
弹出信息	设置事件发生后,显示警告信息
恢复交换图像	用来恢复设置交换图像
打开浏览器窗口	在新窗口中打开 URL,可以定制新窗口的大小
拖动 AP 元素	让用户拖动绝对定位的（AP）元素。使用此行为可创建拼板游戏、滑块控件和其他可移动的界面元素
改变属性	改变选定对象的属性
效果	具有高亮显示、晃动等多种网页视觉增强功能
显示—隐藏元素	根据设置的事件,显示或隐藏特定的层元素
检查插件	根据用户是否安装了指定的插件而转到不同的页面

动 作 名 称	动 作 功 能
检查表单	检查表单中指定文本域的内容以确保用户输入的数据类型正确
设置文本	设置层文本:在选定的层上显示指定的内容;设置框架文本:在选定的框架页上显示指定的内容;设置文本域文本:在文本字段区域显示指定的内容;设置状态条文本:在状态栏中显示指定的内容
调用 JavaScript	事件发生时,调用指定的 JavaScript 函数
跳转菜单	文档中的弹出菜单,列出了到文档或文件的链接
跳转菜单开始	具有"转到"按钮的跳转菜单
转到 URL	在当前窗口或指定的框架中打开一个新页
预先载入图像	将图像预先加载到浏览器的缓存中

7.1.2　认识行为面板

在 Dreamweaver 中,对行为的添加和控制主要是通过"行为"面板实现。选择菜单栏中的"窗口"→"行为"命令,或按 Shift＋F3 组合键,打开"行为"面板,如图 7-1 所示。附加行为动作前通常首先要选中产生行为的对象,当对象选中后,对象对应的标签显示在"行为"面板上,例如＜p＞、＜img＞和＜div＞等。如果附加的对象是整个网页,则显示＜body＞标签。由于本次操作没有选择对象,因此图中有"未选择任何标签"的字样。

图 7-1　"行为"面板

不同对象上的行为是由事件和动作两部分组成的,对象不同,对应的事件和动作也不相同。通过"行为"面板将动作附加给与网页元素相关的事件,在"行为"面板中"事件"和"行为"分别列于左右两侧。"行为"面板中的功能如下:

(1) 显示设置事件

单击 按钮只显示已设置的事件列表。事件被分别划归到客户端或服务器端类别中,每个类别的事件都包含在一个可折叠的列表中,"显示设置事件"是默认的视图。

(2) 显示所有事件

单击 按钮显示所有事件列表,并按字母降序显示给定类别的所有事件。

(3) 增加行为

单击 按钮会弹出"行为"菜单,以添加新的行为,如图 7-2 所示。常用的行为主要有弹出信息、打开浏览器窗口和预先载入图像等。在"行为"菜单中选择相应的行为,将打开相应的对话框,不同的行为有不同的设置内容。如果行为是灰色显示,就表明所选对象不能设置该行为动作。通常灰色显示的原因是当前的网页文件中不存在所需的对象。例如应用"跳转菜单转到"行为,文档中必须已存在一个跳转菜单。若不存在,则该动作将以灰色显示。

（4）删除行为

单击 **–** 按钮会删除列表中的一个行为，包括删除所选的事件和动作。

（5）改变行为的顺序

一个事件可以同时与多个行为动作相关联，单击 **▲** 或者 **▼** 按钮，可以在行为列表中上下移动特定事件的选定行为，但只在相同事件具有多个动作时才会显示。例如，如果 onLoad 事件同时触发了几个行为，则所有行为在行为列表中都会放置在一起，可以单击 **▲** 或者 **▼** 按钮更改 onLoad 事件中发生动作的顺序。但是对于不能在列表中上下移动的动作，箭头按钮将处于禁用状态。

（6）设置事件

在"行为"面板中的行为列表中选择一个行为，单击该项左侧的事件名称栏会显示一个下拉菜单，打开下拉菜单，如图 7-3 所示，菜单中列出了所选行为的所有可以使用的事件，用户可以根据实际需要进行设置。

图 7-2　内置行为动作

图 7-3　基于 body 标签的事件列表

7.1.3　附加行为的方法

可以将行为附加到整个文档，也可以附加到超链接、图像、表单元素和其他 HTML 元素；可以为事件指定一个或多个行为动作。虽然为网页元素附加的行为多种多样，但其基本过程是相同的，主要步骤如下：

（1）在"文档"窗口中选择要增加行为的对象元素，可以在"设计"视图中直接选择元素，如一个图像或一个链接，也可以在窗口中的标签选择器中单击对象的标签。

（2）执行"窗口"→"行为"命令，打开"行为"面板。

（3）单击 **+** 按钮，从"动作"弹出式菜单中选择一个动作。

（4）选择行为动作后，一般会出现一个对话框，显示该动作的相关参数和说明，根据实际需要进行设置。

（5）对于所选择的动作，设置合适的触发事件。

7.1.4　任务 1　广告页面自动弹出的设计

"打开浏览器窗口"行为实际上就是浏览网页时经常看到的弹出窗口，对于浏览器窗口，除了可以设置要打开页面的 URL 之外，还可以设置新窗口的属性，例如宽度、高度、弹出位置以及是否调整窗口大小等参数，从而制作出符合要求的窗口效果。本小节的任务是实现用户进入"景点介绍"页面时自动弹出的广告窗口的功能，设计步骤如下：

步骤 1　设计广告页面。进入站点 LiaoNing Travel，在根目录内新建网页文件并命名为 miaosha. html，页面为 2 行 1 列的表格，第一行设置相应的背景、文字，插入图像，第二行内插入一个表单，表单内部有两个按钮，设计结果如图 7-4 所示。

步骤 2　设置行为对象。打开需要设置弹出广告的网页文件 BxGmsInfo. html，在"文档窗口"选择＜body＞标签。网页中的许多元素都可以作为应用行为的对象，如果设置为页面加载后自动弹出广告窗口，通常选择＜body＞标签。

步骤 3　设置行为。选择菜单栏中的"窗口"→"行为"命令，打开"行为"面板，单击 **+.** 按钮弹出行为窗口，在行为菜单中选择"打开浏览器窗口"，设置结果如图 7-5 所示。

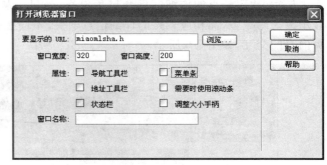

图 7-4　广告窗口　　　　　　　　图 7-5　"打开浏览器窗口"对话框的设置

- 要显示的 URL：设置在新窗口中载入的目标 URL 地址（可以是网页或者图像），可以单击"浏览"按钮，用浏览方式选择。
- 窗口宽度、窗口高度：以像素为单位指定新窗口的宽度、高度。
- 导航工具栏：包括后退、前进、主页和重新载入的一组浏览器按钮。
- 地址工具栏：用于显示 URL。
- 状态栏：位于浏览器窗口底部，在状态栏中显示消息，例如剩余的载入时间以及和链接关联的 URL 等。
- 菜单条：浏览器窗口上显示的菜单，如文件、编辑、查看、转到和帮助。如果要让用户能够从新窗口导航，用户应该显式地设置此选项。如果不设置此选项，则在新窗口中，用户只能关闭或最小化窗口。
- 需要时使用滚动条：如果内容超过可视区域则显示滚动条，如果不设置，则不显示滚动条。

- 调整大小手柄：用于调整窗口大小，方法是单击右上角的最大化按钮或者拖动窗口的右下角；如果不设置该选项，则窗口不能调整。
- 窗口名称：设置新窗口的名称。如果用户需要通过 JavaScript 使用链接到新窗口和控制新窗口，则应该为窗口命名，名称中不能包含空格和特殊字符。

提示：如果不指定新窗口的任何属性，新窗口的大小与打开前完全相同。如果指定了新窗口的任何属性，都将自动关闭所有其他未显示而打开的属性。

步骤 4 设定弹出窗口的触发事件。由于广告窗口是在进入网页时自动弹出的，相应的事件为 onLoad。

7.1.5 任务 2 景点图像的动态说明

Dreamweaver CS5 提供了"显示-隐藏元素"行为，可以显示、隐藏一个或多个页面元素，用于用户与网页进行交互时的信息显示。以"辽宁风景旅游"中旅游风光网页为例，先为网页中的每个图像设置一个 AP 元素（Absolutely Positioned Elements，Dreamweaver CS5 将带有绝对位置的所有 Div 标签视为 AP 元素），在其中添加图像的说明文字，初始状态都设为隐藏。当用户将鼠标移到旅游网站中的景点图像时，相应的 AP 元素从隐藏变为显示，相应景点的详细信息会显示出来；当鼠标从图像移开后，AP 元素的状态又从显示改为隐藏，从而相应景点的详细信息消失，不同图像对应不同内容，实现了用户与网页内容的交互，如图 7-6 所示。

图 7-6　景点图像的说明

步骤 1 建立 AP Div 元素。进入站点 LiaoNing Travel，打开 Gallery 目录内已建立的网页文件 Gallery.html（具体设计方法见第 4 章），按照下面的方法添加 AP Div 元素，"属性"面板设置如图 7-7 所示。

图 7-7　AP Div 的"属性"面板

- 选择菜单栏中的"插入"→"布局对象"→AP Div 命令。
- 选择"插入"栏中"布局"类别中的"绘制 AP Div"按钮。
- CSS-P 元素：为选定的 AP 元素指定一个 ID 编号，是区别于其他对象的唯一标识。默认值为 apDiv1，之后顺序编号，也可以自定义，但只能使用标准的字母数字字符，不能使用空格、连字符、斜杠或句号等特殊字符。每个 AP 元素都必须有唯一的 ID。
- Z 轴：确定 AP 元素的 Z 轴或堆叠顺序。在浏览器中，编号较大的 AP 元素出现在编号较小的 AP 元素的前面。值可以为正，也可以为负。当更改 AP 元素的堆叠顺序时，使用"AP 元素"浮动面板要比输入特定的 Z 轴值更为简便。打开"AP 元素"浮动面板的方法是选择菜单栏中的"窗口"→"AP 元素"命令，如图 7-8 所示。

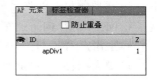

图 7-8　"AP 元素"浮动面板

- 可见性：指定 AP 元素最初是否是可见的。如图 7-8 所示，"AP 元素"面板中，"眼睛"的打开与关闭表明了 AP 元素的可见与不可见。
- 溢出：当 AP 元素的内容超过 AP 元素的指定大小时，在浏览器中控制 AP 元素的显示共有以下几种方法。
  - 可见：在 AP 元素中显示额外的内容，实际上 AP 元素会通过延伸来容纳额外的内容。
  - 隐藏：不在浏览器中显示额外的内容。
  - 滚动：浏览器在 AP 元素上添加滚动条。
  - 自动：浏览器仅在需要时（即当 AP 元素的内容超过其边界时）才显示 AP 元素的滚动条。
- 剪辑：定义 AP 元素的可见区域。

步骤 2　设置 AP Div 元素内容。选中该"AP Div 元素"，加入需要的文本，并设置字体为宋体，大小为 12px，颜色为 darkred，输入内容如图 7-6 所示。

步骤 3　设置 AP 元素的显示。选择页面中的一个图像，如图 7-6 所示。在"行为"面板中选择"显示-隐藏元素"，选择步骤 2 中设置的 apDiv1，单击"显示"按钮，如图 7-9 所示，在行为列表的触发事件中设为 onMouseOver。

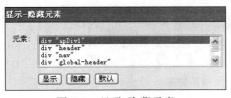

图 7-9　显示-隐藏元素

步骤 4　设置 AP 元素的隐藏。选择步骤 3 中的图像，在"行为"面板中选择"显示-隐藏元素"。选择 ID 编号为 apDiv1 的 AP 元素，单击"隐藏"按钮，在行为列表的触发事件中设为 onMouseOut。

步骤5 对所有的图像重复步骤1～4,直到全部设置完毕。

7.1.6 任务3 增加页面视觉效果的设计

Spry 效果是一种视觉增强功能,几乎可以应用于 HTML 页面上的所有元素。如果需要对某个元素应用 Spry 效果,要求元素必须具有一个 ID。如果该元素没有有效的 ID 值,则需要向 HTML 代码中添加一个 ID 值。

Spry 效果仅仅涉及驻留在客户端的 JavaScript 方法和函数,不需要任何服务器端逻辑或代码。因此,当用户浏览一个 HTML 网页并引发一个效果时,只有应用该效果的对象需要进行动态更新,而不会刷新整个 HTML 页面。使用 Spry 效果可以使网页元素发光、缩小、淡化。Spry 效果的行为包括:

- 显示/渐隐:使元素显示或渐隐。
- 高亮颜色:更改元素的背景颜色。
- 向上遮帘/向下遮帘:模拟百叶窗,向上或向下滚动百叶窗来隐藏或显示元素。
- 上滑/下滑:上下移动元素。
- 增大/收缩:使元素变大或变小。
- 晃动:模拟从左向右晃动元素。
- 挤压:使元素从页面的左上角消失。

在网页中增加一些 Spry 效果,可以使页面具有动态的视觉效果,如图 7-10 和图 7-11 所示。原始网页中含有许多旅游景点的风景图像,设置行为效果后,可以不需要页面跳转,单击图像就能实现放大功能,再次单击则图像复原。另外,也可以对网站中的广告增加 Spry 效果,例如在一定的时间段内以晃动、高亮等方式显示,增加网页用户的注意力。

图 7-10 加入放大效果前网页局部

步骤1 添加 Spry 增大效果。进入站点 LiaoNing Travel,打开 Gallery 目录内已建

图 7-11　加入放大效果后网页局部

立的网页文件 Gallery.html，在"设计"视图中选中第一幅图像，在"行为"面板中单击 ＋，按钮，选择"效果"→"增大/收缩"命令，如图 7-12 所示。

　　步骤 2　设置 Spry 增大效果属性及事件。在弹出的对话框中进行属性设置，如图 7-13 所示。之后设置触发增大效果的事件为 onClick。

图 7-12　效果菜单

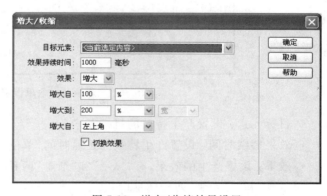

图 7-13　增大/收缩效果设置

- 目标元素：设置产生特效的目标元素。
- 效果持续时间：设置产生特效的延迟时间，单位为毫秒。
- 效果：设置产生的效果，有"增大"和"收缩"两种效果。当选择"增大"效果时，有"增大自"和"增大到"两种选项；当选择"收缩"效果时，有"缩小自"和"缩小到"两种选项。
- 增大自：设置增大的起始百分比。
- 增大到：设置增大的终止百分比。
- 切换效果：勾选后，在增大与还原之间进行切换。

　　步骤 3　设置友情链接网页。建立嵌套表格，嵌套表格内为友情链接网站的标志图像,如图 7-14 所示。

图 7-14　网页中的广告

步骤 4　添加网页广告的"晃动"行为效果。选中"东北新闻网"图标,选择"行为"面板中的 ➕ 按钮,选择"效果"→"晃动"命令,通常单击"确定"按钮后默认的事件为 onClick。单击左侧的事件栏,在事件列表中选择 onLoad,以便在页面加载时能显示效果。

步骤 5　添加网页广告的"逐渐显示"行为效果。选中"沈阳旅游网"图标,如前所述,单击"行为"面板中的 ➕ 按钮,选择"效果"→"显示/渐隐"命令,进行属性设置,设置结果如图 7-15 所示。

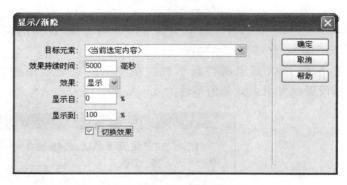

图 7-15　逐渐显示效果设定

- 目标元素:设置产生特效的目标元素。
- 效果持续时间:设置产生特效的延迟时间,单位为毫秒。
- 效果:设置产生的效果,有"显示"和"渐隐"两种效果。当选择"显示"时,对应"显示自"和"显示到"两种属性设置;当选择"渐隐"时,对应"渐隐自"和"渐隐到"两种属性设置。
- 显示自:设置显示的起始图像的不透明度。
- 显示到:设置显示结束时的不透明度。
- 切换效果:勾选后,在原图和所设置的效果间切换。

步骤 6　添加网页广告的"逐渐显示"效果的触发事件。单击左侧的事件栏,在事件列表中选择 onLoad,以便在页面加载时能显示效果。

提示:菜单和行为的操作会涉及大量的 HTML 和 JavaScript 代码,其使用一定要做到简洁,不能在一个网页中使用过多的行为,否则代码容易混乱,影响下载和显示的效率。如果能在掌握两种代码的基础上自行设计或在生成的代码上修改,通常会使网页文件更小,效率更高。

7.1.7　下载并安装第三方行为

Dreamweaver 最有用的功能之一是扩展性，可以按照如下步骤从 Macromedia Exchange Web 站点浏览、搜索、下载并安装更多更新的行为。

- 打开"行为"面板并从"添加行为"弹出菜单中选择"获取更多行为"。
- 系统打开浏览器窗口，并连接到 Exchange 站点（此时计算机必须连接到因特网）。
- 浏览或搜索扩展包。
- 下载并安装所需要的扩展包。

如果需要获取更多的行为，也可以到第三方开发人员网站上搜索并下载。

7.2　菜单的制作

目的

了解 Spry 菜单栏的不同形式，掌握通过 Spry 构件为页面添加菜单栏的方法。

要点

（1）Spry 构件是预置的常用用户界面组件，是网页页面元素，可以使用 CSS 自定义这些组件，然后将其添加到网页中。

（2）Spry 控件包括 Spry 菜单栏、Spry 选项卡式面板、Spry 折叠式、Spry 可折叠面板，简化了网页导航功能的实现，丰富了实现的页面效果。

在旧版本的 Dreamweaver 中，要制作菜单一般都要用显示-隐藏层（Dreamweaver CS3 后成为显示/隐藏元素）以及行为配合实现，设置过程较为复杂，而且视觉效果也很一般，而目前的 Spry Widget 部件可以为页面添加菜单栏、Spry 选项卡面板、Spry 折叠式、Spry 可折叠面板、Spry 工具提示等效果，设置方法简单，不涉及任何行为设置，并且可以随意增加或删除各级菜单项。

7.2.1　任务 4　弹出式导航菜单的制作

Spry 菜单栏是一组可导航的菜单按钮，当站点用户将鼠标悬停在某个按钮上时，将显示相应的子菜单，如图 7-16 所示。使用菜单栏可在紧凑的空间中显示大量的导航信息，并使站点用户无须深入浏览站点就可以了解站点上提供的内容，所以 Spry 菜单栏就是具有弹出式菜单功能的导航栏，常用于站点栏目层次较多的导航栏中。

步骤 1　打开网页文件，找到插入弹出式导航菜单位置，采用下面的方式进入 Spry 菜单栏：

- 选择"插入"栏，选择"布局"类别中的"Spry 菜单栏"按钮。

图 7-16　弹出式导航菜单效果图

- 选择"插入"栏,选择 Spry 类别中的"Spry 菜单栏"按钮,如图 7-17 所示。
- 在菜单栏中选择"插入"→"Spry"→"Spry 菜单栏"命令。

　　步骤 2　设置菜单方向。在弹出的"Spry 菜单栏"对话框中,可以设置菜单栏的方向——"水平"或者"垂直"。选择"水平"方向进行布局,单击"确定"按钮后,显示默认的菜单形式,如图 7-18 所示。对应的"属性"面板中可以进行个性化设置,如图 7-19 所示。

图 7-17　进入 Spry 菜单栏的不同方式　　　　图 7-18　Spry 菜单栏默认菜单形式

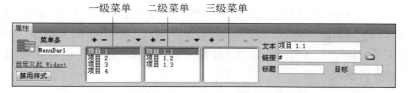

图 7-19　Spry 菜单栏的"属性"面板

　　Spry 菜单栏可以进行三级菜单设置,分别对应着"属性"面板中三个菜单项。

- 文本:设置当前菜单的名称。
- 链接:设置单击当前菜单项后跳转的页面,也可以单击其后的"文件夹"图标浏览后选择。
- 标题:设置页面的标题栏。
- 目标:设置打开所链接页面的位置。
- 禁用样式:禁用 Spry 菜单栏,可以在"设计"视图中更清楚地查看 HTML 结构。例如,当选择禁用样式时,菜单栏项以项目符号列表形式显示在页面上,而不是显示为菜单栏中带样式的菜单项。

步骤 3　主菜单项添加。单击第一列上方的 **+** 按钮，使得其中的项数达到本次设置的 7 个。如果过多可以用 **−** 按钮删除。

步骤 4　修改主菜单的名称。单击"项目 1"，在"文本"属性中改为"首页"，按照该方法，将"项目 2"～"项目 7"分别改为图中所示的"旅游景点"、"风光图库"和"热点线路"等。此时不设置"链接"目标页文件，仅用"♯"代表"空链接"。

步骤 5　增加二级菜单项。二级菜单项即主菜单中的子菜单，增加的方法是先选择一级菜单名"旅游景点"，在属性检查器中单击第二列上方的 **+** 按钮，使得数量与所需要的一致，再将默认的名称依次更改为"本溪水洞"、"营口鲅鱼圈"和"丹东凤凰山"。

按照此过程依次修改"风光图库"到"常见问题"下的各个二级菜单。

步骤 6　增加三级菜单项。三级菜单项是二级菜单中的子菜单，增加三级菜单项的方法与二级菜单的处理方式相似，先选择"风光图库"主菜单及其子菜单"山"，在"属性"面板的第三列上单击 **+** 按钮，先单击多次使其数目与实际相符，之后按上面相似的方法更名为"凤凰山"、"千山"等，直到所有三级菜单设置完毕。

图 7-20　Spry 菜单栏三级菜单的设置

步骤 7　菜单删除与顺序的改变。选择菜单后，单击 **−** 按钮可以进行删除，单击向上箭头或向下箭头可以向上或向下移动菜单项，以更改菜单项的顺序。

实际上，Spry 菜单栏的 HTML 中包含一个外部 ul 标签，该标签中对于每个顶级菜单项都包含一个 li 标签，而顶级菜单项（li 标签）又包含用来为每个菜单项定义子菜单的 ul 和 li 标签，子菜单中同样可以包含子菜单。顶级菜单和子菜单可以包含任意多个子菜单项。部分代码如下：

```
<ul id="MenuBar1" class="MenuBarHorizontal"  >
    <li><a  href="#">   首    页</a></li>
    <li><a class="MenuBarItemSubmenu" href="#">  旅游景点</a>
<ul>
    <li><a href="#">本溪水洞</a></li>
    <li><a href="#">营口鲅鱼圈</a></li>
    <li><a href="#">丹东凤凰山</a></li>
</ul>
    </li>
    <li><a class="MenuBarItemSubmenu" href="#"> 风光图库</a>
<ul>
    <li><a class="MenuBarItemSubmenu" href="#">自然美景</a>
      <ul>
    <li><a href="#">山</a></li>
    <li><a href="#">水</a></li>
    <li><a href="#">雪</a></li>
```

```
            <li><a href="#">花</a></li>
        </ul>
        </li>
        <li><a href="#">文化遗产</a></li>
        <li><a href="#">民俗风情</a></li>
    </ul>
        </li>
        <li><a href="#"> 旅游资讯</a></li>
        <li><a href="#"> 旅游路线</a></li>
        <li><a href="#"> 风土人情</a></li>
        <li><a href="#"> 常见问题</a></li>
    </ul>
```

　　Dreamweaver CS5 在"设计"视图中仅支持两级子菜单,但是在"代码"视图中可以添加任意多级子菜单。

7.2.2　任务 5　在线客服网页的设计

　　很多网站都有类似 QQ 软件的滑动式可折叠导航栏功能,利用 Dreamweaver CS5 可以很容易地制作。本例就是设计在线客服人员列表,可单击各部分的标题栏进行滑动切换,然后在列表中单击对应客服人员进行通信。

　　步骤 1　新建网页程序。网站中的"咨询热线"网页通常是在进入网页时自动加载的,所以在站点根目录下新建网页文件并命名为 HotLine.html,在网页中插入 2 行 1 列表格,宽度为 170px,以 1 行 1 列居中对齐方式输入"咨询热线",如图 7-21 所示。

图 7-21　滑动式可折叠导航栏

　　步骤 2　插入 Spry 折叠式菜单栏。单击表格的第 2 行,采用下面三种方式之一插入 Spry 折叠式菜单栏:

- 选择"插入"栏,选择"布局"类别中的"Spry 折叠式"按钮。
- 选择"插入"栏,选择 Spry 类别中的"Spry 折叠式"按钮。
- 在菜单栏中选择"插入"→"Spry"→"Spry 折叠式"命令。

设置的效果和"属性"面板如图 7-22 和图 7-23 所示。

图 7-22　Spry 折叠式菜单

图 7-23　Spry 折叠式菜单属性

- 折叠式：设置菜单栏的名称。
- 面板：设置折叠次数和内容。

步骤 3 设置折叠式菜单栏的项数。Dreamweaver CS5 默认的菜单项数为 2 个，当数量与所需不一致时，单击 ➕ 按钮增加，直到数目与需求一致。

步骤 4 设置折叠式菜单栏的"标签 1"的名称和内容。

直接在"设计"视图中修改"标签 1"为"旅游咨询"，将"内容 1"直接更改为"张小姐"、"李小姐"和"王先生"。

步骤 5 依次修改设置折叠式菜单栏的其他标签的名称和内容。当鼠标经过"标签 2"所在行时会出现图 7-24 所示的"眼睛"，单击"眼睛"，显示"标签 2"的内容，将"标签 2"改为"旅游投诉"，其内容改为"万小姐"、"张先生"，直至所有标签。

图 7-24　折叠式菜单栏设置

7.3　思考与练习

（1）什么是行为？它的本质是什么？

（2）行为由哪些要素组成？各自的作用是什么？

（3）什么叫事件？列出几个常用的事件。

（4）附加行为的一般步骤有哪些？

（5）试述你经常登录的网站中哪些功能可以由行为实现。

（6）Spry 特效行为有哪些？

（7）上机实践题：完成图 7-25 中的省内城市旅游栏目的设计。

图 7-25　省内城市旅游栏目

省内城市旅游栏目是利用 Dreamweaver CS5"选项卡式"面板设计制作，站点用户可通过单击要访问的面板上的选项卡，隐藏或显示存储在选项卡式面板中的内容。当用户单击不同的选项卡，如沈阳、大连等城市名称时，打开相应面板中的内容。

第8章

ASP 动态网页设计

8.1 ASP 概述

目的

掌握 ASP 的概念，了解 ASP 的特点，理解 ASP 脚本的工作原理，掌握 ASP 的工作环境和搭建方法。

要点

（1）ASP 是动态网站开发的常用技术之一，具备不同于其他动态网页开发技术的特点。

（2）开发动态网页，首先要建立起开发环境，在此基础上才能进行动态网页的编辑和调试。使用 ASP 技术开发需要安装 IIS 软件，并在其中进行站点设置。

（3）浏览 ASP 文件的请求由浏览器发到服务器后，需要服务器调用脚本文件进行处理，并返回 HTML 文档。

8.1.1 ASP 概述

静态网页是网站建设初期经常采用的一种形式。静态网页的内容固定不变，用户只能被动地浏览网站建设者提供的网页内容，为了不断更新网页内容，就必须重新制作网页，工作量大，不容易维护，而且信息流向是单向的，不能实现与用户的交互。

现在动态网站的开发技术已经成为网站的开发主流。所谓动态并不是指网页上的 GIF 动态图像或者滚动的文字，而是指不同的用户、不同的访问时间在访问同一个页面时可能得到不同的结果，访问内容具有实时性，访问的过程具有交互性。

动态网页主要有以下几个主要特征。

- 交互性：网页显示内容会根据用户的要求和选择而动态改变和响应，将网页作为客户端输入界面，这是 Web 发展的大势所趋。
- 自动更新：无须手动地更新 HTML 文档，便会自动生成新的页面，从而大大节省人工维护的工作量。

- 因时因人而异：不同时间、不同人访问时，可以产生不同的页面输出。

动态网页的更新和维护都是基于数据库技术完成的。将传统的静态页面和后台数据库、其他的资源连接起来，使页面上的信息能够根据一定的要求进行定制，还可以和客户端进行信息交互，得到用户的信息，或将信息反馈给用户，这种网页就是动态网页。

常用动态网页技术有 CGI、JSP、ASP/ASP.NET 和 PHP 等，其中 ASP 是微软提出的动态网页构架。ASP(Active Server Page，动态服务器页面)是服务器端脚本编写环境，它可以与数据库和其他程序进行交互，可以创建和运行动态、交互、高效的 Web 服务器应用程序。使用 ASP 可以组合 HTML 标签、脚本命令和 ActiveX 组件，以创建交互的 Web 页和基于 Web 的功能强大的应用程序。

ASP 文件是以.asp 为扩展名的文本文件，现在常用于各种动态网站中。在 ASP 文件中通常包含文本、HTML 标签和脚本命令，这三部分的内容以各种组合混杂在 ASP 文件中，需要使用不同的符号进行区分。HTML 使用标准的 HTML 标签界定；ASP 脚本命令必须使用"＜％"和"％＞"表示脚本的开始和结束，可以每一行 ASP 语句界定一次，也可以多行语句界定一次。

ASP 简单易学，安装使用方便，开发工具强大而多样，任何文本编辑器都可以编辑 ASP 程序，也可以使用 Dreamweaver Visual studio 或其他开发工具。在较低的访问量下，ASP 能体现出较好的效率。所有的程序都在服务器端执行，执行完毕后，服务器将执行结果以标准的 HTML 格式返回给客户浏览器。

ASP 的主要特点有：

- 使用 VBScript、JavaScript 脚本语言，结合 HTML 代码，可快速完成网站的应用程序，实现动态网页技术。
- 无须编译，ASP 解释程序会在服务器端执行，使用者不会看到 ASP 所编写的原始程序代码，可防止 ASP 程序代码被窃取，具有保密性。
- 使用普通文本编辑器就可以进行网页设计。
- 与浏览器无关，用户端只要使用可执行 HTML 码的浏览器，就可浏览 ASP 所设计的网页内容。ASP 所使用的脚本语言均在 Web 服务器端执行，客户端浏览器不需要执行这些脚本语言。
- ASP 能与任何 ActiveX 组件和 Scripting 语言相容，通过嵌入(Plug-in)方式，使用由第三方提供的其他脚本语言，如 Perl 等。
- ASP 源程序不会被传到客户浏览器，提高程序的安全性。
- 可使用服务器端的脚本产生客户端的脚本。
- 面向对象。
- ActiveX 服务器组件(ActiveX Server Components)具有可扩充性。

8.1.2　任务 1　ASP 的运行环境设置

只要用户的计算机上装有浏览器就可以运行网页，动态网页则要求在 Web 服务器中安装相应的服务器软件,由服务器软件来完成动态网页的解释工作及网站应用程序服务工作。不同的操作系统工作平台,可以选择安装不同的 Web 服务器软件。

运行 ASP 脚本程序离不开因特网信息服务(Internet Information Services,IIS),这是由微软公司提供的基于运行 Microsoft Windows 操作系统的因特网基本服务。Microsoft IIS 是允许在公共 Intranet 或 Internet 上发布信息的 Web 服务器。

IIS 支持虚拟目录,虚拟目录就是将脚本程序的实际存储目录以映射的方式虚拟到服务器的主目录下。建立虚拟目录对于管理 Web 站点具有非常重要的意义。首先,虚拟目录隐藏了有关站点目录结构的重要信息。因为在浏览器中,客户通过选择"查看源代码"很容易就能获取页面的文件路径信息,如果在 Web 页中使用物理路径,将暴露有关站点目录的重要信息,这容易导致系统受到攻击。其次,只要两台计算机具有相同的虚拟目录,就可以在不对页面代码做任何改动的情况下将 Web 页面从一台计算机上移到另一台计算机。另外,将 Web 页面放置于虚拟目录下,可以对目录设置不同的属性,例如"读"属性表示将目录内容从 IIS 传递到浏览器,"执行"属性则可以在该目录内执行可执行的文件。这不仅方便了对 Web 的管理,而且最重要的是提高了 ASP 程序的安全性,防止了程序内容被客户所访问。

动态网页的站点设置必须是动态的,所以之前建立的站点需要进行进一步的编辑。

步骤 1 安装 IIS。依次选择"开始"→"设置"→"控制面板"命令,在打开的窗口中双击"添加/删除程序"图标,在弹出的对话框中单击"添加/删除 Windows 组件"按钮,弹出"Windows 组件向导"对话框。在"组件"列表框中选择"Internet 信息服务(IIS)"组件,然后单击"下一步"按钮继续安装,如图 8-1 所示。

图 8-1 "Windows 组件向导"对话框

步骤 2 设置虚拟目录。依次选择"开始"→"程序"→"管理工具"→"Internet 服务管理器"命令,弹出"Internet 信息服务"对话框,如图 8-2 所示。右击"默认 Web 站点",从弹出的快捷菜单中选择"新建"→"虚拟目录"命令,按照提示执行,设置虚拟目录名和实际所在位置。

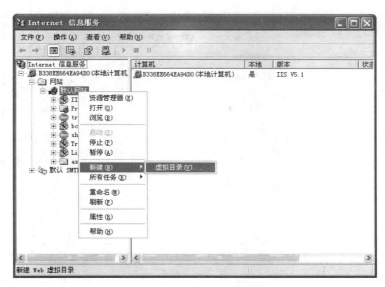

图 8-2 "Internet 信息服务"对话框

　　在默认方式下，站点文件存放在 C:\inetpub\wwwroot 目录下，此时可以不必添加虚拟目录而浏览网站。但是如果存放在其他位置，必须添加虚拟目录才可以浏览网站。

　　可以采用 Web 共享方式设置虚拟目录：右击站点的存放目录，从弹出的快捷菜单中选择"共享和安全"→"Web 共享"命令以快速地建立虚拟目录；或者右击站点的存放目录，从弹出的快捷菜单中选择"属性"→"Web共享"→"共享文件夹"命令，在图 8-3 所示的"编辑别名"对话框中设置别名即虚拟目录名，并根据需要选择相应的权限。

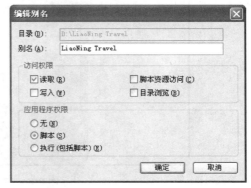

图 8-3　Web 共享方式

　　步骤 3　设置动态站点名称和存储目录。进入 Dreamweaver CS5 开发环境，在菜单栏中选择"站点"→"管理站点"→"新建"命令设置新站点，设置结果如图 8-4 所示。

　　Dreamweaver 站点实质上是一种组织所有与 Web 站点关联的文档的方法，由于本书案例都是基于第 2 章设计的 LiaoNing Travel 站点，本章仅需要将其改变为动态站点，站点名称与存储目录不变，所以选择菜单栏中的"站点"→"管理站点"命令后，选择已有的 LiaoNing Travel 站点后单击"编辑"按钮，进入"站点设置对象"对话框，进行下面步骤的设置。

　　步骤 4　增加新服务器。在"站点设置对象"对话框的左侧选择"服务器"类别，如图 8-5 所示，单击 **+** 添加新服务器，完成服务器设置，如图 8-6 所示。

　　• 服务器名称：设置新服务器的名称。

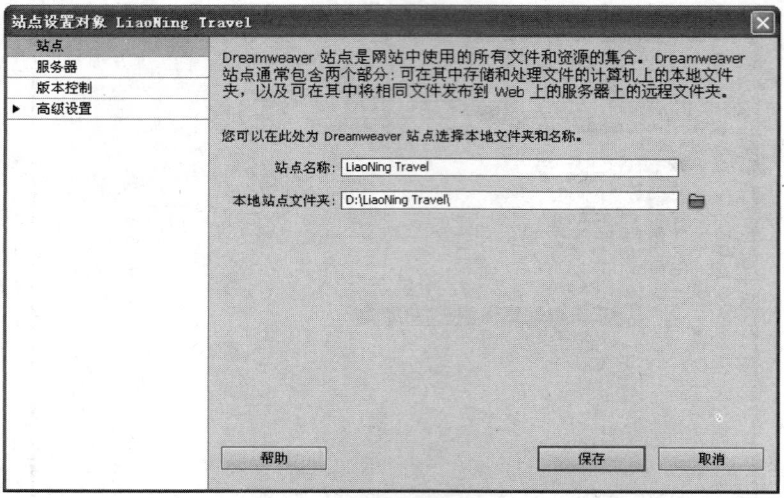

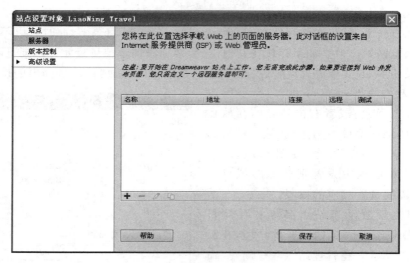

图 8-4 "站点设置对象"对话框

图 8-5 "服务器"对话框

- 连接方法：为弹出菜单，选择"本地/网络"，表示连接到网络文件夹或在本地计算机上存储文件。如果运行测试服务器，也使用"本地/网络"设置方式。
- 服务器文件夹：浏览并选择存储站点文件的文件夹。
- Web URL：设置 Web 站点的 URL，Dreamweaver 使用 Web URL 创建站点根目录相对链接，并在使用链接检查器时验证这些链接。

Dreamweaver 支持多种服务器模型，如 ASP VBScript、ASP JavaScript、JSP、ASP.NET C♯和 PHP 等。选择"高级"类别，进行服务器模型的设置，设置结果如图 8-7 所示，其他通常采用默认值。

步骤 5 设置服务器类型。当增加新服务器后，在服务器窗口中会显示已设置的服务

图 8-6　服务器基本设置

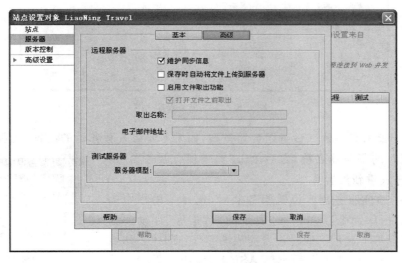

图 8-7　服务器高级设置

器名称,还需要进一步设置服务器的类别,服务器类别有远程服务器和测试服务器两种。

- 远程服务器:用于指定远程文件夹的位置,该文件夹将存储生产、协作、部署或许多其他方案的文件。远程文件夹通常位于运行 Web 服务器的计算机上,远程文件夹也被称为远程站点。在设置远程文件夹时,必须为 Dreamweaver 选择连接方法,以将文件上传和下载到 Web 服务器。
- 测试服务器:使用动态网页技术开发网页时,需要服务器处理动态代码并将它转换为可在实时视图或浏览器中显示的 HTML。所谓的测试服务器实际上就是在本地计算机上创建一个测试环境:安装一个 Web 服务器负责处理网页,安装一个应用程序服务器能处理显示在网页中的动态数据,有时还需要安装一个数据库服务器用于数据的存取等操作。设计动态网页时通常是先使用本地测试服务器,查看动态代码生成页面的实际效果,然后将它转入实施阶段。虽然可以将 Internet 上的远程服务器用于测试,但是一般情况下避免采用这种方法:首先,即使连接速度较高,整个过程还是较慢;其次,远程服务器用于测试必须连接到 Internet,会冒险暴露所有错误,这可能为恶意攻击者提供了设置的重要信息,而设置本地测试服务器更为简单和安全。

由于本网站实际存储的位置在本地,因此设置时仅需要勾选测试服务器,如图 8-8 所示。

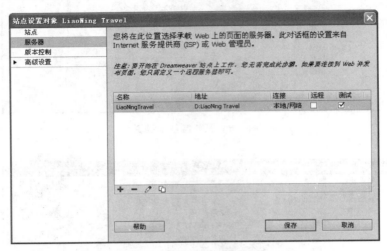

图 8-8　设置服务器类型

步骤 6　编辑服务器。设置服务器类型,如果需要修改服务器的设置,在服务器窗口中先选择现有的服务器名称,之后单击"编辑现有服务器"按钮,按上述方式重新设置。

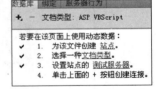

步骤 7　验证服务器。设置服务器后,选择菜单栏中的"窗口"→"数据库命令",在图 8-9 所示的"数据库"浮动面板的"数据库"标签下显示了通过设置完成的工作:创建了站点 LiaoNing Travel,设置了文档类型 ASP VBScript,设置了测试服务器,这些工作表明 Dreamweaver 已经建立了与数据库

图 8-9　"数据库"面板

连接的必要条件,才能按下面的步骤连接数据库,并在此基础上进行对数据库的增加、删除、修改和查找等各种操作。

8.2　数据库设计与实现

目的

理解数据库的概念,了解常见的数据库管理系统,熟悉在 SQL Server 中创建数据库和数据表的方法,掌握在 Dreamweaver 中建立数据库连接的方法。

要点

（1）数据库技术是计算机组织存储大量数据的方法，与 Web 技术结合在一起，可以实现以网页页面为操作界面的数据处理功能。

（2）数据管理系统是用于操作和管理数据库的软件，是使用数据库的必备条件。

（3）SQL Server 是 Web 数据库中常用的数据库管理系统，在网络环境下，数据库与网页连接是进行动态网页设计的基础。

8.2.1 数据库概述

数据库是长期存储在计算机内的有组织可共享的大量数据的集合，简单地说就是依照一定的格式存放在一起的数据记录文件。在日常生活中，凡是个人通讯簿、公司账簿、支票明细、成绩等都属于数据库，它们不仅具有固定的格式与特性，而且可以用表格形式来记录。

数据库一般按照数据的组织和查询方式加以区分。目前使用最多的是基于关系代数的关系数据库管理系统（RDBMS）。数据按照表存放，一个数据库可以有多个数据表，每个表由行和列组成，而不同行中相同的字段具有相同的属性。表中的数据可以通过行和列查询，使用的语言为结构化查询语言 SQL（Structured Query Language），SQL 是数据库语言的标准。

随着网络技术的飞速发展，Web 技术与数据库技术有机地结合在一起，用户通过浏览器就可以完成对后台数据库中数据的插入、删除、查询和修改等操作。

数据库管理系统就是用来操作及管理数据库的软件，用户通过这个软件可以对数据进行输入、修改和编辑等工作。常见的数据库管理系统有 Access、MySQL、SQL Server、DB2 和 Oracle 等。

8.2.2 数据库的建立

设计动态网页时需要使用数据库，此时数据库属于网站的一部分，通常应该存储在网站的某一目录下，所以建立数据库之前，首先确认站点目录下是否有专门的数据库存放目录，例如站点根目录下的 database 文件夹。

本节以 SQL Server 2005 数据库为例，进行数据库的设计与操作。

1. 创建数据库

步骤 1 新建数据库。选择"开始"→"程序"→Microsoft SQL Server 2005→SQL Server Management Studio Express 命令，启动 SQL Server 2005。在 SQL Server 管理器中右击"数据库"选项，进行"新建数据库"操作。在弹出的窗口中输入数据库的名称，如 lntravel，如图 8-10 所示。

图 8-10 SQL Server 2005 数据库

步骤 2 设置数据库存储路径。设置数据库名称后，单击"新建数据库"窗口中"数据库文件"列表框中的"路径"选项，将对应文件的存储位置改为站点目录，如图 8-11 所示。

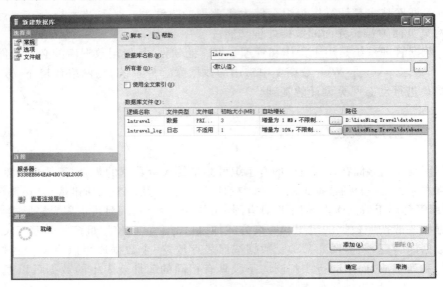

图 8-11　设置数据库存储路径

2. 设计数据表

绝大多数的网站都有大量的数据需要进行管理，所以需要在数据库内建立多个数据表，以存储用于不同目的的数据，本章仅以"辽宁风景旅游"网站中的"会员表"和"留言板"为例进行数据库设计与应用。

事实上，许多网站都有与会员有关的功能，例如：只有会员才能在网站留言、只有会员才能享受更多的购物折扣等，所以会员的信息就需要存放在"会员表"中。会员登录时需要输入"用户名"和"密码"，只有输入正确才能进入相关网页，其中最重要的处理过程就是将用户输入的信息与数据库中"会员表"中存储的信息进行查询比较的过程，只有二者一致才能完成网页的链接。另一方面，系统管理员也可以在会员表中进行浏览，用户正常登录后，可以更改个人信息，修改的结果也存储在"会员表"中。本例中设计的会员表的各数据项说明如表 8-1 所示。

表 8-1　会员信息表

编　号	字段名称	字段类型	长　度	允许空	描　　述
1	user_id	int	4	N	会员编号 主键
2	user_name	nvarchar	20	N	会员名
3	password	nvarchar	30	Y	密码
4	sex	nchar	4	Y	性别
5	birthday	nvarchar	8	Y	会员生日

编 号	字段名称	字段类型	长度	允许空	描 述
6	email	nvarchar	50	Y	邮箱
7	address	nvarchar	50	Y	会员地址
8	postcode	nvarchar	6	Y	邮政编码
9	telephone	nvarchar	15	Y	联系电话

步骤 1 建立新表。在 SQL Server 管理器窗口单击 ➕ 按钮,展开新建的 lntravel 数据库图标,右击"数据表"选项,从弹出的快捷菜单中选择"新建表"命令,如图 8-12 所示。

步骤 2 设置数据项。在弹出的 SQL Server 数据表设计视图中,按照表 8-1 的内容进行数据表字段的设置。由于会员表中每位会员的会员编号 user_id 不同,为防止用户输入的错误,直接在数据库中设置该数据项从 1 开始顺序递增,设置的方法是在 user_id 的列属性中设置"是标识"、"标识增量"为 1,"标识种子"为 1,如图 8-13 所示。而其他数据项都采用默认设置,即不改变相应数据项的列属性。

步骤 3 数据表的命名。表格内容设置后,直接单击右上角的 ❌ 按钮,在弹出的窗口中输入表的名字 member 之后,在"对象资源管理器"对话框中看到新建的数据表,如图 8-14 所示。

图 8-12 数据库对象资源列表

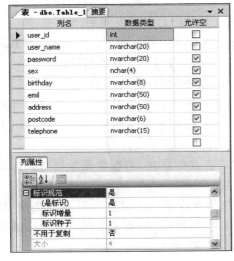

图 8-13 member 表设计

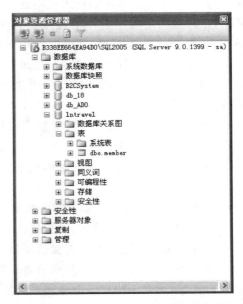

图 8-14 建立 member 表后数据库对象资源列表

步骤 4 数据的输入。右击 member 表，从弹出的快捷菜单中选择"打开表"命令，在弹出的窗口中显示了该表的架构，直接在相应的空位上输入各种数据。

user_id	user_name	password	sex	birthday	emil	address	postcode	telephone
1	张辉	zhanghui	女	19870918	zhanghui@163.com	辽宁省沈阳市	110001	02423405843
2	王强	wangqiang	男	19880310	wangqiang@sina.con	辽宁省抚顺市	NULL	NULL

图 8-15　member 表数据的输入

步骤 5 仿照步骤 1～4，设置留言表，留言板信息如表 8-2 所示。

表 8-2　留言板信息表

编 号	字段名称	字段类型	长度	允许空	描 述
1	qid	int	4	N	留言编号 主键
2	title	varchar	50	N	标题
3	status	varchar	20	Y	状态
4	answer_number	int	4	Y	回答数量
5	date	datetime	8	Y	日期

8.2.3　任务 2　在 Dreamweaver 中进行数据库的连接

要开发基于浏览器/服务器模式的应用，首先要解决网页与数据库的连接问题，在 Dreamweaver 中提供了多种的数据库连接方法，本书主要介绍 ODBC 方式。

ODBC(Open Database Connectivity，开放数据库互连)是数据库服务器的一个标准协议，它为访问网络数据库的应用程序提供了一种通用的语言。使用 ODBC 进行开发的数据库，在访问应用程序时并不直接依赖于数据库管理系统，无论是 FoxPro、Access、MySQL 还是 Oracle 数据库，都可以使用通用的 ODBC API 函数进行访问，使得开发人员不必理解数据库底层的工作机制，从而大大缩短了软件项目的开发周期。

利用 ODBC 的方式与数据库进行连接首先要设置 ODBC 数据源，每个 ODBC 数据源都被指定一个名字，即 DSN(Data Source Name)。ODBC 有以下三种数据源：

- 用户数据源：存储了与指定数据库提供者连接的信息，并且只对当前用户可见，而且只能用于当前计算机上。这里的当前计算机是指这个配置只对当前的计算机有效，而不是说只能配置本机上的数据库，可以配置局域网中另一台计算机上的数据库。

- 系统数据源：存储了如何制动数据库提供者连接的信息，系统数据源对当前计算机上的所有用户都是可见的，包括 NT 服务。

- 文件数据源：允许用户连接数据提供者，把信息存储在后缀名为 .dsn 的文件中，如果该文件存放在网络共享的驱动器中，就可以被所有安装了相同驱动程序的用户共享，是介于用户数据源和系统数据源之间的一种情况。

步骤 1 进入 ODBC 数据源管理器。在 Windows 操作系统下，单击"开始"→"控制面板"→"管理工具"→"数据源(ODBC)"命令,进入 ODBC 数据源管理器。

　　步骤 2　命名系统数据源。进入 ODBC 数据源管理器后,选中"系统 DSN"选项卡,然后单击"添加"按钮,进入创建新数据源对话框,选择 SQL Native Client 选项,单击"完成"按钮进入"Microsoft ODBC SQL Server DSN 配置"对话框进行配置,如图 8-16 所示。

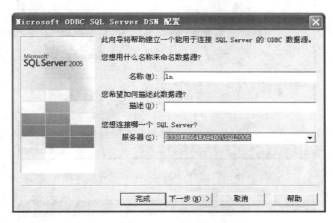

图 8-16　DSN 设置

　　必须说明的是,对于"服务器"名称的设置,必须与 SQL Server 2005 中服务器名称完全一致,如图 8-16 和图 8-17 所示,设置数据源的服务器名与数据库的服务器名称完全一致。

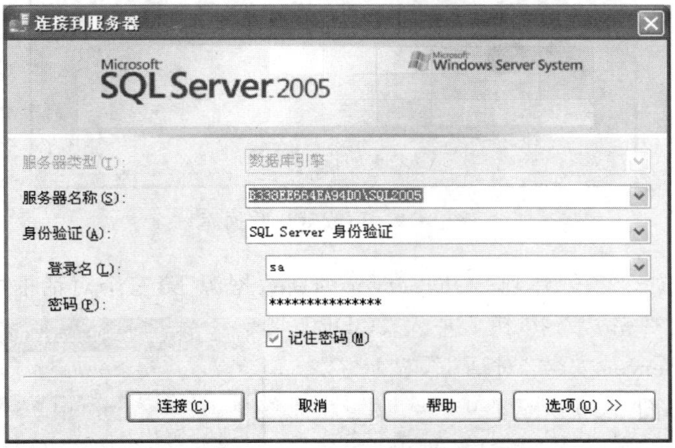

图 8-17　SQL Server 2005 中的服务器名称

　　步骤 3　设置验证方式。在完成 Microsoft ODBC SQL Server DSN 设置后,单击"下一步"按钮,进入"创建到 SQL Server 的新数据源"的第一个对话框中。设定结果如图 8-18 所示。

　　为了系统安全起见,通常采用"使用用户输入登录 ID 和密码的 SQL Server 验证"方式进行数据源的设置,而之后的"登录 ID"和"密码"与创建数据库时必须完全相同。

　　步骤 4　设置默认数据库。在"创建到 SQL Server 的新数据源"第一个对话框中完成设置后,单击"下一步"按钮,可以进入"建立到 SQL Server 的新数据源"第二个对话框。

在这个对话框中,可以设定"改变默认的数据库"为本章中要使用的数据库 lntravel,其余设置采用默认方式。设置结果如图 8-19 所示。

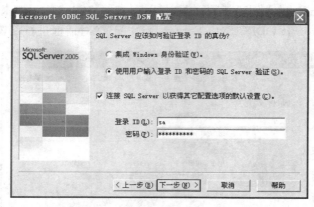

图 8-18　创建到 SQL Server 的新数据源

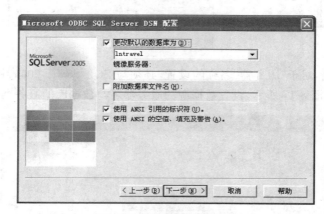

图 8-19　更改默认数据库

步骤 5　测试。在"创建到 SQL Server 的新数据源"第三个对话框中,可以不做任何改变,直接单击"完成"按钮,进入"ODBC Microsoft SQL Server 安装"对话框,显示了之前设置的内容,如图 8-20 所示。

为确保设置正确,单击"测试数据源"按钮,如果"成功设置"窗口弹出,表明 ODBC 数据源设置正确,之后才可以进入 Dreamweaver 中与数据库进行连接。

步骤 6　新建文件。进入 LiaoNing Travel 站点,新建 ASP 网页文件并将其命名为 index. asp,文档类型为 ASP VBScript。在菜单栏中选择"窗口"→"数据库"命令。如果已经建立了前面所叙述的动态站点,并且已经测试了服务器

图 8-20　配置的 ODBC 数据源

（http://localhost /liaoningtravel/），则如图 8-9 所示，只有第 4 步没有完成。单击 ➕ 按钮，选择"数据源名称（DSN）"。

提示：建立数据库连接之前，用户应该建立动态服务器技术的站点，并在站点内打开要运用数据库的网页文件，否则 ➕ 按钮无效。当然也可以按照表中的过程建立站点、设置文档类型（该文档使用的服务器和脚本支持语言）、测试服务器，当各项前边都有对号显示时，➕ 按钮才有效，才可以建立数据库。

步骤 7 设置数据源。在"数据源名称（DSN）"对话框中进行设置，如图 8-21 所示。

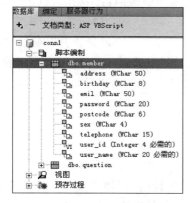

图 8-21　数据源设置

- 连接名称：为下面指定的"用户名"、"密码"等连接信息命名，可以任意设置。
- 数据源名称（DSN）：在 ODBC 中建立的数据源名称，可以在此下拉式列表中选择。如果没有事先定义，可以单击"定义"按钮，按照前面叙述的方法设置数据源。
- 用户名：操作数据库的用户名。
- 密码：用户操作数据库时的密码。
- Dreamweaver 应连接：设置数据源与数据库连接时所在的位置。

步骤 8 测试。单击"测试"按钮，如弹出"测试成功"窗口，表明成功连接数据库，并且在 Dreamweaver 数据库浮动面板中可以看到 lntravel 数据库内的各个字段，如图 8-22 所示。

成功连接数据库的设置，实际上是在 Dreamweaver 内部自动生成了一个连接文件。位置在自动生成的 Connections 文件夹中，名称是在"数据源名称（DSN）"对话框中设置的"连接名称"，如图 8-23 所示。

图 8-22　成功设置数据源　　　　　　图 8-23　连接文件

8.3 任务3 论坛信息的浏览与删除

目的

掌握数据集的概念，理解数据集的作用；熟练设置数据集，掌握 Dreamweaver 中显示和删除数据库中数据的方法。

要点

（1）成功地进行数据库连接后，绑定记录集是进行相关数据库操作的基础。

（2）浏览数据是常见的网页与数据库的交互操作。

（3）删除操作是维护数据库中数据的重要手段，也能避免因数据庞大而降低数据库的执行效率。

数据库操作在动态网站设计中占有非常重要的地位，通常大型 Web 程序都会涉及数据库的使用。在完成网站与数据库的连接之后就可以进行数据库中数据的显示、浏览，以及查找、插入、修改和删除等操作。

网页不能直接访问数据库中存储的数据，而是需要与记录集进行交互，记录集在存储内容的数据库和生成页面的应用程序服务器之间起一种桥梁作用，使用 Dreamweaver 可以更轻松地连接到数据库并创建可以提取动态数据的记录集。

通常根据包含在数据库中的信息和要显示的内容来定义记录集，记录集是通过数据库查询得到的从数据库中提取的信息（记录）的子集，查询是一种专门用于从数据库中查找和提取特定信息的搜索语句。记录集是数据库查询的结果，它提取请求的特定信息，并允许在指定页面内显示该信息。记录集临时存储在应用程序服务器的内存中以实现更快的数据检索，当服务器不再需要记录集时就会将其删除。

查询的结果可以是只包括某些列或行的记录集，也可以包括数据库表中所有的记录。但由于应用程序很少要用到数据库中的每个数据，因此应该尽量减小记录集。Web 服务器会将记录集临时放在内存中，使用较小的记录集将减少资源的占用，并可以潜在地改善服务器的性能。

在创建数据库连接，并在数据库中输入数据后，本节以"辽宁风景旅游"网站中"论坛"网页为例，介绍如何定义 Dreamweaver 的记录集，以及进一步的浏览和删除功能的实现，实现的效果如图 8-24 所示，页面中的数据均取自数据库，可以实现数据上下翻页的浏览显示以及删除指定序号记录的功能。

8.3.1 信息浏览

步骤 1 新建文件并布局网页。在进行站点目录设计时，规划了 Questions 目录存储"常见问题"模块的所有网页文件，在其中新建文件并命名为 CommonQuestions. asp，在文件内插入表格并命名为 question，网页布局结果如图 8-25 所示。

序号	标题	状态	回答数	时间
1	请问昭陵和福陵各有什么特色？	已回答	3	2011.11.25
2	棋盘山的命名有何传说？	已回答	5	2011.11.25
3	请问盘锦有哪些土特产？	已回答	2	2011.11.27
4	辽宁博物馆和沈阳故宫博物馆是同一个地方吗？	已回答	4	2011.11.28
5	在沈阳旅游住哪里好？	已回答	3	2011.11.30
6	鞍山的民俗游有哪些？	已回答	2	2011.12.2
7	辽宁旅游的最佳时间？	已回答	2	2011.12.2
8	辽宁有哪些特色美食？	已回答	4	2011.12.3
9	大连老虎滩公园旅游应该注意什么？	已回答	3	2011.12.5
10	辽宁有哪些特色景点？	已回答	3	2011.12.5

第一页 前一页 下一个 最后一页
记录 1 到 10（总共 21）

请输入要删除的序号： [   ] [确定] [取消]

图 8-24　"论坛"动态网页局部效果图

序号	标题	状态	回答数	时间

图 8-25　布局论坛网页

步骤 2　添加记录集。在进行数据库连接之后，选择"数据库"浮动面板中的"绑定"标签，单击 按钮添加"记录集（查询）"，如图 8-26 所示。

步骤 3　记录集设置。在弹出的简单"记录集"对话框中进行设置，如图 8-27 所示。通常需要单击"测试"按钮，确认连接到数据库，单击"确定"按钮关闭数据源。

图 8-26　添加"记录集"

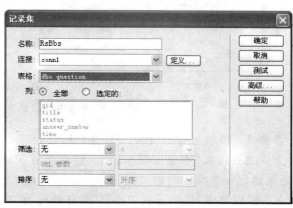

图 8-27　记录集设置

- 名称：输入记录集的名称，默认的是从 Recordset1 开始顺序编号。通常的做法是在记录集名称前添加前缀 rs，以将其与代码中的其他对象名称区分开。记录集名称只能包含字母、数字和下划线，不能使用特殊字符或空格。
- 连接：在弹出菜单中选择连接。如果列表中未出现连接，单击"定义"按钮创建 ODBC 数据源。
- 表格：弹出菜单中显示该连接方式下对应数据库的所有数据表。
- 列：确定是输出选定表的"全部"列还是"部分"列。如果需要在记录集中包含表列的子集，选中"选定的"单选按钮，然后按住 Ctrl 键单击表中的列，以选择所需要的列。
- 筛选：设置限定从表中返回的记录输出的条件。如果记录中的指定值符合筛选条件，则将该记录包括在记录集中。
  - 在第一个弹出菜单中，选择数据库表中的列，以将其与定义的测试值进行比较。
  - 从第二个弹出菜单中选择一个条件表达式，以便将每个记录中的选定值与测试值进行比较。
  - 在第三个弹出菜单中选择"输入的值"。
  - 在第四个框中输入测试值。
- 排序：如果对记录进行排序，需要先选择作为排序依据的列，然后指定是按升序（1、2、3、…或 A、B、C、…）还是按降序对记录进行排序。

设置了记录集的绑定，记录集中的字段都在数据库浮动面板中显示出来，如图 8-28(a)所示。

步骤 4　记录集在网页中的显示。将前面带有闪电图标的记录集中各个字段依次拖到步骤 1 所设置的表格第 2 行的对应项中，结果如图 8-28(b)所示，使得页面显示的内容与数据库中的记录相对应。

（a）记录集字段

序号	标题	状态	回答数	时间
(RsBbs.qid)	(RsBbs.title)	(RsBbs.status)	(RsBbs.answer_number)	(RsBbs.time)

（b）记录集字段的网页设置

图 8-28　数据集字段的显示与设置

步骤 5　添加服务器行为。如图 8-28(b)所示，选中表格的第 2 行，按照下面介绍的两种方式之一设置"重复区域"功能。使用重复区域可以显示多个从数据库查询返回的项，还可指定每页显示的记录数。

- 将"数据库"浮动面板切换到"服务器行为"选项卡，单击 **+.** 按钮，选择"重复区域"命令，如图 8-29 所示。

- 选择"插入"→"数据"→"重复区域"按钮，如图 8-30 所示。

图 8-29 "服务器行为"面板

图 8-30 "插入"栏中的"数据"选项

步骤 6 设置每个网页显示的记录数。在弹出的对话框中进行设置，如图 8-31 所示，一次可以显示 10 条记录。

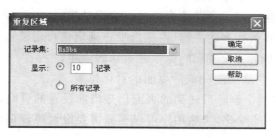

图 8-31 重复区域设置

步骤 7 设置分页导航功能。将鼠标放在设置"重复区域"的下一行，单击"插入"→"数据"→"记录集分页：记录集导航条"按钮，使用户能够移动到从记录集返回的下一组或前一组记录。通常与"重复区域"配合使用，例如，如果使用"重复区域"服务器对象选择每页显示 10 条记录，并且记录集返回 40 条记录，则一次可以浏览 10 条记录。

步骤 8 设置记录集导航状态。单击"插入"→"数据"→"记录集导航状态"按钮，用于显示记录集的总数和当前记录集中相对于返回的总记录数的位置。如图 8-24 所示，"当前记录 1 到 10（总共 21）"。

8.3.2 信息的删除

步骤1 设计具有删除功能的网页。如图 8-28(b)所示,在表格的第 3 行中插入图 8-32 所示的表单形式,其内部为一个文本框和两个按钮。

图 8-32 删除表单

步骤2 删除功能的设置。将"数据库"浮动面板切换到"服务器行为"标签下,单击 **+.** 按钮,选择"删除记录"命令,在弹出的对话框中进行图 8-33 所示的设置。

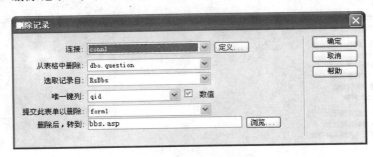

图 8-33 删除记录的设置

- 连接:选择本次需要连接的数据对象。
- 从表格中删除:被删除数据所在的数据表。
- 选取记录自:删除记录所在数据表对应的记录集。
- 唯一键列:删除数据表的主键(主键能唯一确定该行记录)。
- 提交此表单以删除:设置删除的条件所在的表单。
- 删除后,转到:删除功能完成后页面的目标位置。

需要说明的是,本例中删除后转到的页面仍是当前设置的页面,目的是让用户看到删除后的结果集与删除前的变化,当然用户可以根据需要设置跳转页面。

8.4 任务 4 注册信息的存储

目的

进一步理解表单在动态网页设计中的重要作用,掌握 Dreamweaver 中设计数据库数据添加页面的方法。

要点

提供数据添加功能的 Web 页面是常见的数据库交互页面之一,也是 Web 数据处理数据的来源和基础。

本节介绍如何在 Dreamweaver 中插入新的注册信息以及如何进行修改，设计效果如图 8-34 所示。

步骤 1　新建注册页面。右击站点，在站点根目录下新建一个 asp 网页文件，页面主体为表单，表单名称命名为 userinfo，其样式如图 8-34 所示。

步骤 2　设置记录集。因为在此之前已经建立了和数据库连接的文件 conn1. asp，该

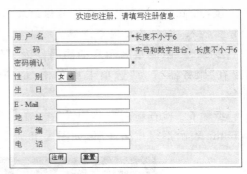

图 8-34　注册页面

文件是全站点有效的，所以可以直接建立记录集，将"数据库"浮动面板切换到"绑定"标签，按照前面叙述的方法，单击 ✚ 按钮添加记录集。本次记录集对应的数据表为会员表 member。

步骤 3　插入记录。在"文档窗口"选择 form 表单标签，将"数据库"浮动面板切换到"服务器行为"选项卡，单击 ✚ 按钮，选择"插入记录"命令。服务器行为面板如图 8-29 所示。

步骤 4　设置插入记录属性。在弹出的"插入记录"对话框中进行设置，结果如图 8-35 所示。

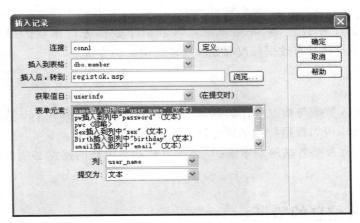

图 8-35　"插入记录"对话框

- 连接：选择所需要的连接对象。
- 插入到表格：确定表单的内容插入到数据库中的数据表。
- 插入后，转到：表单数据成功存储到数据库后跳转的目标页，通常在设置本窗口前先建立该网页文件。
- 获取值自：填写注册内容所在的 form 表单的名称。
- 表单元素、列、提交为："表单元素"的各个输入的内容应该插入到数据库表中的对应"列"中，"提交为"为对应的数据类型。

技巧：form 表单中各项的名称如果已经和数据库表里的字段对应，Dreamweaver 自动智能插入，否则必须逐个点选。

步骤 5　限制重名用户的注册。为了使注册系统不允许重名注册，需要增加以下操作：在"服务器行为"选项卡中单击 **+,** 按钮，选择"用户身份验证"→"检查新用户名"命令。

步骤 6　检查新用户名的设置。在弹出的"检查新用户名"对话框中，用户名字段选择 name 表示不得重名注册，如图 8-36 所示。

图 8-36　"检查新用户名"对话框

8.5　任务 5　系统登录与个人注册信息修改

目的

理解登录的工作过程，掌握用户输入与数据库数据进行比较的操作方法。掌握 Dreamweaver 中设计具有数据修改和删除功能的网页的方法。

要点

（1）页面输入数据与数据库存储数据进行比较检查是常用的 Web 数据处理功能之一，通过 ASP 脚本可以根据检验结果进行不同页面内容的显示。

（2）数据的修改是数据的基本维护功能，也是动态更新的网站必须提供的数据库交互功能。

8.5.1　登录信息的验证

绝大多数系统都有登录功能，本节主要介绍与验证登录信息相关的网页设计。

步骤 1　新建文件。在站点根目录内新建三个文件：login..asp 实现系统登录，modifyinfo.asp 实现成功登录后用户信息的显示与修改，loginbad.asp 实现登录失败后信息提示的功能。在 login.asp 登录网页文件中设计 form 表单，如图 8-37 所示，并对输入文本框进行合理命名，本例中设置输入用户名和密码的文本框分别为 usr_nm 和 usr_pw。

步骤 2　设置记录集。在进行数据库连接之后，

图 8-37　登录页面

选择"数据库"浮动面板中的"绑定"标签,单击 **+** 按钮,选择"记录集(查询)"命令设置记录集,本次记录集与 member 数据表相连。

步骤 3 设置登录项。选中 form 标签,即设计页中整个表单被选中,单击"数据库"浮动面板中"服务器行为"选项卡中的 **+** 按钮,选择"用户身份验证"→"登录用户"命令,在弹出的对话框中进行设置,如图 8-38 所示。

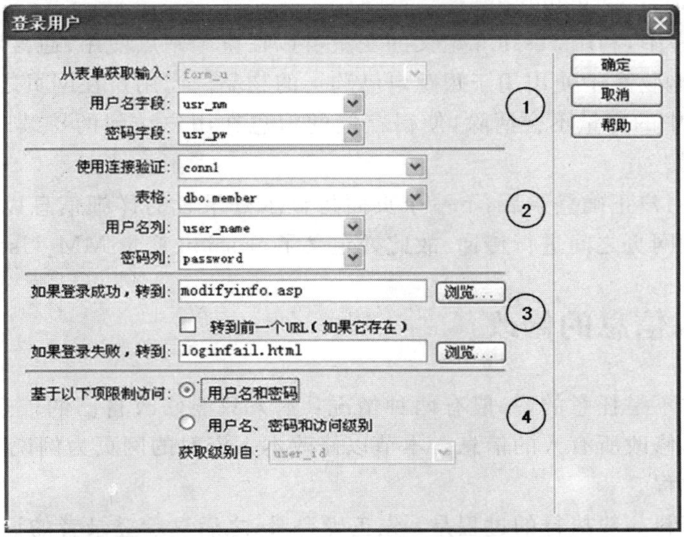

图 8-38 "登录用户"对话框

当用户单击登录页上的"登录"按钮时,"登录用户"服务器行为将对用户输入的值和注册用户的值进行比较。如果匹配,该服务器行为会打开成功登录的网页,本例中将会显示登录者的详细信息,以进行修改。如果这些值不匹配,则该服务器行为会打开另一页,通常是显示用户登录失败信息的提示网页。

用户登录窗口中间的水平线将窗口属性的设置分成 4 个部分。

(1)从当前 ASP 页面中选择具体的 form 表单,该表单中含有用户名字段和密码字段。表单名、用户名字段和密码字段的名称都是在步骤 1 中所设置的表单信息。

(2)指定包含所有注册用户的用户名和密码的数据库表和列,服务器行为将对用户在登录页上输入的用户名及密码和这些列中的值进行比较,连接验证是指与数据库进行连接而形成的设置文件。

(3)当登录信息完全正确的时候才能进入"成功"页面,否则进入"登录失败"页面。浏览网站的用户经常有不经登录而试图进入网站内部的情形,通常的处理方式是先提示"没有登录",之后直接进入登录页面。如果要让用户在登录后返回到之前的网页,则选中"转到前一 URL"复选框。

(4)指定是仅根据用户名和密码还是同时根据授权级别来授予对该页的访问权。

每一次的操作和设置都会自动生成相应的代码,需要特别指出的是,生成的如下两句代码:

```
MM_valUsername=CStr(Request.Form("usr_nm"))
Session("MM_Username")=MM_valUsername
```

第一条语句的功能是把在表单中的 user_nm 文本框输入的用户名信息赋值到 MM_valUsername 变量中。

第二条语句的功能是把 MM_valUsername 变量的信息即输入的用户名,存入 Session 变量 MM_Username 中。

在 ASP 程序中,利用 Session 定义的变量可以在整个站点使用,通常定义后用于跟踪用户的活动,如购物车中使用用于跟踪自己购买的物品。当用户在网页之间跳转时,存储在 Session 对象中的变量不会清除,使得存储的信息在用户访问的持续时间内对站点内的所有页都可用。

在本例中,用户正确登录后,下一个页面将显示登录者的详细信息以便修改,所以需要用户名在两个网页之间进行传递,故此处定义了 Session 变量 MM_Username。

8.5.2　个人信息的修改

信息的修改不是任意的,一般有两种情况:本人只能修改自己的信息或者有相应权限的管理员可以修改所有人的信息。本节以修改本人资料的网页为例说明信息修改与删除功能的设计过程。

修改本人资料一般执行的过程是:先正确登录,之后显示登录者的详细资料,在显示资料的提示下进行修改,本次步骤的说明是从显示记录集开始。例如,当以"张辉"为用户名登录后,将显示个人的详细信息,这也是用户进行信息修改的基础。从页面可以看出,用户的序号和用户名是不允许修改的,如图 8-39 所示。

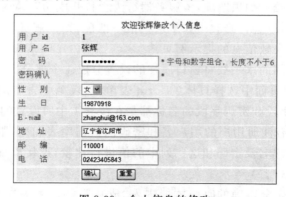

图 8-39　个人信息的修改

步骤 1　新建文件。在站点根目录内新建文件 modifyinfo.asp,并建立图 8-40 所示的表单和表格,其中用户的编号和用户名不允许修改。

步骤 2　设置阶段变量。阶段变量就是步骤 1 中的 Session 变量,在"数据库"浮动面板中单击"绑定"→"阶段变量"命令,在弹出的"阶段变量"对话框中输入在注册时生成的变量 MM_Username,完成两个页面之间的参数传递,如图 8-41 所示。

图 8-40 修改个人信息网页

图 8-41 设置阶段变量

步骤 3 设置带条件的记录集。在"数据库"面板上单击"绑定"标签中的 ⊕ 按钮,选择"记录集(查询)"命令。在弹出的对话框中设置筛选项,如图 8-42 所示,即根据 login.asp 程序中输入的用户名作为筛选条件,仅输出登录者的详细信息。

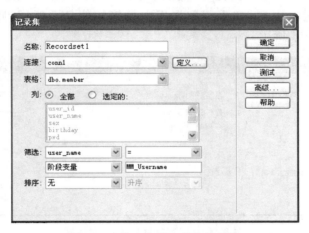

图 8-42 带有阶段变量的记录集

步骤 4 阶段变量的一种应用——用户名的动态显示。选择数据库面板中"绑定"标签下的阶段变量 MM_Username,单击"插入"按钮或者直接拖入页中,放在表格第一行"欢迎"的后面,可以让不同用户进入时动态显示其对应的姓名。显示的结果如图 8-39 所示。

步骤 5 记录集的页面显示。依次将"数据库"浮动面板中"绑定"标签下的"记录集"中各个带"闪电"标志的字段拖到 form 表单对应的位置中。

步骤 6 更新记录。选中 form 表单,在"数据库"浮动面板中选择"服务器行为"选项卡,单击 <img_1 button> 按钮,选择"更新记录"命令,在弹出的对话框中进行设置,使得表单数据与数据库字段能一一对应,如图 8-43 所示。

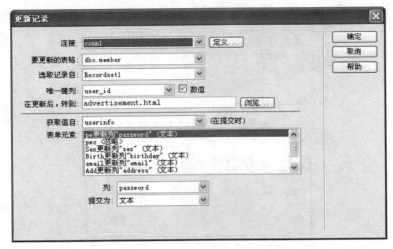

图 8-43　更新记录

步骤 7　网页权限限定。为防止用户直接在地址栏输入地址进入修改网页,而不是通过登录过程进入修改页面,需要对网页加入权限限定,基本的操作方法是依次单击"服务器行为"→"身份验证"→"限制对页的访问"命令,在弹出的对话框中对"用户名和密码"进行限制,如果与数据库中存储的信息不匹配,则跳转到 loginbad.asp 网页,如图 8-44 所示。

图 8-44　"限制对页的访问"对话框

8.6　思考与练习

（1）什么是 ASP 技术?它有哪些特点?

（2）ASP 脚本如何处理 ASP 页面请求?

（3）ASP 动态网页运行必须具有的软件环境是什么?它有什么功能?

（4）什么是数据库技术？

（5）数据库管理系统有什么功能？常见的数据库管理系统有哪些？

（6）什么是数据集？数据集的作用是什么？创建记录集必须具有哪些条件？

（7）在 Dreamweaver 中显示数据库中数据需要进行哪几个步骤的操作？

（8）在 Dreamweaver 中如何设计具备数据添加功能的页面？

（9）在 Dreamweaver 中如何实现页面数据和数据库中数据的一致性检查？

（10）上机实践题：完成用户信息表内容的浏览、插入和删除。

高等学校计算机基础教育规划教材

主编：冯博琴

书　　名	书　号
数据库原理与应用（第 2 版）　张俊玲	ISBN：978-7-302-218524
面向任务的 Visual Basic 程序设计教程　宋哨兵	ISBN：978-7-302-220992
程序设计基础——从问题到程序　胡明、王红梅	ISBN：978-7-302-239154
Visual FoxPro 程序设计　滕国文	ISBN：978-7-302-232896
Visual Basic 程序设计　梁海英	ISBN：978-7-302-232452
计算机应用基础　于晓鹏	ISBN：978-7-302-233480
Visual C++ 程序设计　张文波	ISBN：978-7-302-230380
Visual FoxPro 程序设计实用教程　任向民	ISBN：978-7-302-219330
Excel 高级应用案例教程　李政	ISBN：978-7-302-222590
多媒体技术及应用　许宏丽	ISBN：978-7-302-247258
Access 数据库程序设计　戚晓明	ISBN：978-7-302-246428
Access 数据库程序设计实验指导　戚晓明	ISBN：978-7-302-246435
C 程序设计与应用　徐立辉	ISBN：978-7-302-245933
C 程序设计与应用实验指导及习题　徐立辉	ISBN：978-7-302-246220